U0805812

"十四五"职业教育国家规划教材

普通高等教育"十一五"国家级规划教材

# 建筑工程制图习题集

## (第4版)


主　编　武　荣　沈　刚

副主编　廖素娟　陈　彬　陈红中

　　　　倪桂玲　赵彦琳　夏　辉

主　审　孟庆伟



黄河水利出版社

·郑州·

**图书在版编目(CIP)数据**

建筑工程制图习题集/武荣,沈刚主编.—4版.—郑州:黄河水利出版社,2024.1
"十四五"职业教育国家规划教材
ISBN 978-7-5509-3832-8

Ⅰ. ①建… Ⅱ. ①武… ②沈… Ⅲ. ①建筑制图-职业教育-习题集 Ⅳ. ①TU204-44

中国国家版本馆 CIP 数据核字(2024)第041297号

组稿编辑:王路平　电话:0371-66022212　E-mail:hhslwlp@163.com
　　　　　韩莹莹　　　　66025553　　　　hhslhyy@163.com

责任编辑:郭　琼　责任校对:王单飞　封面设计:李思璇　责任监制:常红昕

出版发行:黄河水利出版社

地址:河南省郑州市顺河路49号　邮政编码:450003

网址:www.yrcp.com　E-mail:hhslcbs@126.com

发行部电话:0371-66020550

承印单位:河南育翼鑫印务有限公司

开本:787 mm×1 092 mm　1/16

印张:8.25

字数:100千字　印数:1—4 100

版次:2002年8月第1版　2019年8月第3版　印次:2024年1月第1次印刷
2008年1月第2版　2024年1月第4版

定价:28.00元

# 第 4 版前言

本书是根据《中共中央关于认真学习宣传贯彻党的二十大精神的决定》，中共中央办公厅、国务院办公厅《关于推动现代职业教育高质量发展的意见》，国务院《国家职业教育改革实施方案》，教育部《职业院校教材管理办法》《高等学校课程思政建设指导纲要》《“十四五”职业教育规划教材建设实施方案》，水利部、教育部《关于进一步推进水利职业教育改革发展的意见》等文件精神，组织编写的“十四五”职业教育国家规划教材。

本书是《建筑工程制图(第 4 版)》(武荣、沈刚主编，黄河水利出版社出版)的配套教材，第 1 版由杨凌职业技术学院杨忠贤老师主持编写，第 2 版由黄河水利职业技术学院徐元甫老师主持编写，在此对杨忠贤、徐元甫老师及其他参编人员在本书编写中所付出的劳动和贡献表示感谢！

随着教学改革的不断深入，高等职业教育对学生培养目标提出了更高的要求，为进一步提高教材质量，我们按照国家级精品课程及职业院校对教材建设的基本要求，并结合目前学生实际情况对本书进行了全面修订、补充和完善。本次再版力求使图样规范化、标准化，在内容上注重扩大知识面；力求综合运用基本理论和知识，以解决工程实际问题；力求理论联系实际，以应用为主，内容上尽量符合实际需要。

本书参编单位及编写人员如下：杨凌职业技术学院武荣、赵彦琳、段蓉，安徽水利水电职业技术学院沈刚、倪桂玲，福建水利电力职业技术学院廖素娟，江苏城市职业学院陈彬，河南水利与环境职业学院陈红中，陕西建工第一建设集团有限公司夏辉，山西工程职业学院闫程锦。本书由武荣、沈刚担任主编，武荣负责全书统稿；由廖素娟、陈彬、陈红中、倪桂玲、赵彦琳、夏辉担任副主编；闫程锦、段蓉参编；由河南水利与环境职业学院孟庆伟担任主审。

由于编者水平有限且时间仓促，不当之处在所难免，敬请读者多提宝贵意见。

**编　者**

2023 年 10 月

# 目　录

| 1-1 字体练习 | 班级 | | 姓名 | | 学号 | | 页次 | 1 |
|---|---|---|---|---|---|---|---|---|

一 二 三 四 五 六 七 八 九 十 上 中 下 左 右

工 业 民 用 建 筑 厂 房 屋 平 立 剖 面 详 图

标 号 基 础 结 构 材 料 水 泥 砂 浆 砌 石 钢 筋 混 凝 土

大 小 比 例 长 宽 厚 度 单 位 形 状 设 计 说 明 班 级 姓 名 学 号 审 核

*1 2 3 4 5 6 7 8 9 0 Φ*

*ABCDEFGHIJKLM*

*NOPQRSTUVWXYZ*

*abcdefghijklm*

*nopqrstuvwxyz*

| 1-2 字体练习 | 班级 | | 姓名 | | 学号 | | 页次 | 2 |
|---|---|---|---|---|---|---|---|---|

一 二 三 四 五 六 七 八 九 十 上 中 下 左 右

工 业 民 用 建 筑 厂 房 屋 平 立 剖 面 详 图

标 号 基 础 结 构 材 料 水 泥 砂 浆 砌 石 钢 筋 混 凝 土

大 小 比 例 长 宽 厚 度 单 位 形 状 设 计 说 明 班 级 姓 名 学 号 审 核

1 2 3 4 5 6 7 8 9 0 Φ

ABCDEFGHIJKLM

NOPQRSTUVWXYZ

abcdefghijklm

nopqrstuvwxyz

| 1-3 字体练习 | 班级 | | 姓名 | | 学号 | | 页次 | 3 |
|---|---|---|---|---|---|---|---|---|

一 二 三 四 五 六 七 八 九 十 上 中 下 左 右

工 业 民 用 建 筑 厂 房 屋 平 立 剖 面 详 图

标 号 基 础 结 构 材 料 水 泥 砂 浆 砌 石 钢 筋 混 凝 土

大 小 比 例 长 宽 厚 度 单 位 形 状 设 计 说 明 班 级 姓 名 学 号 审 核

1 2 3 4 5 6 7 8 9 0 Φ

ABCDEFGHIJKLM

NOPQRSTUVWXYZ

abcdefghijklm

nopqrstuvwxyz

| 1-4　图线练习 | 班级 | | 姓名 | | 学号 | | 页次 | 4 |
|---|---|---|---|---|---|---|---|---|

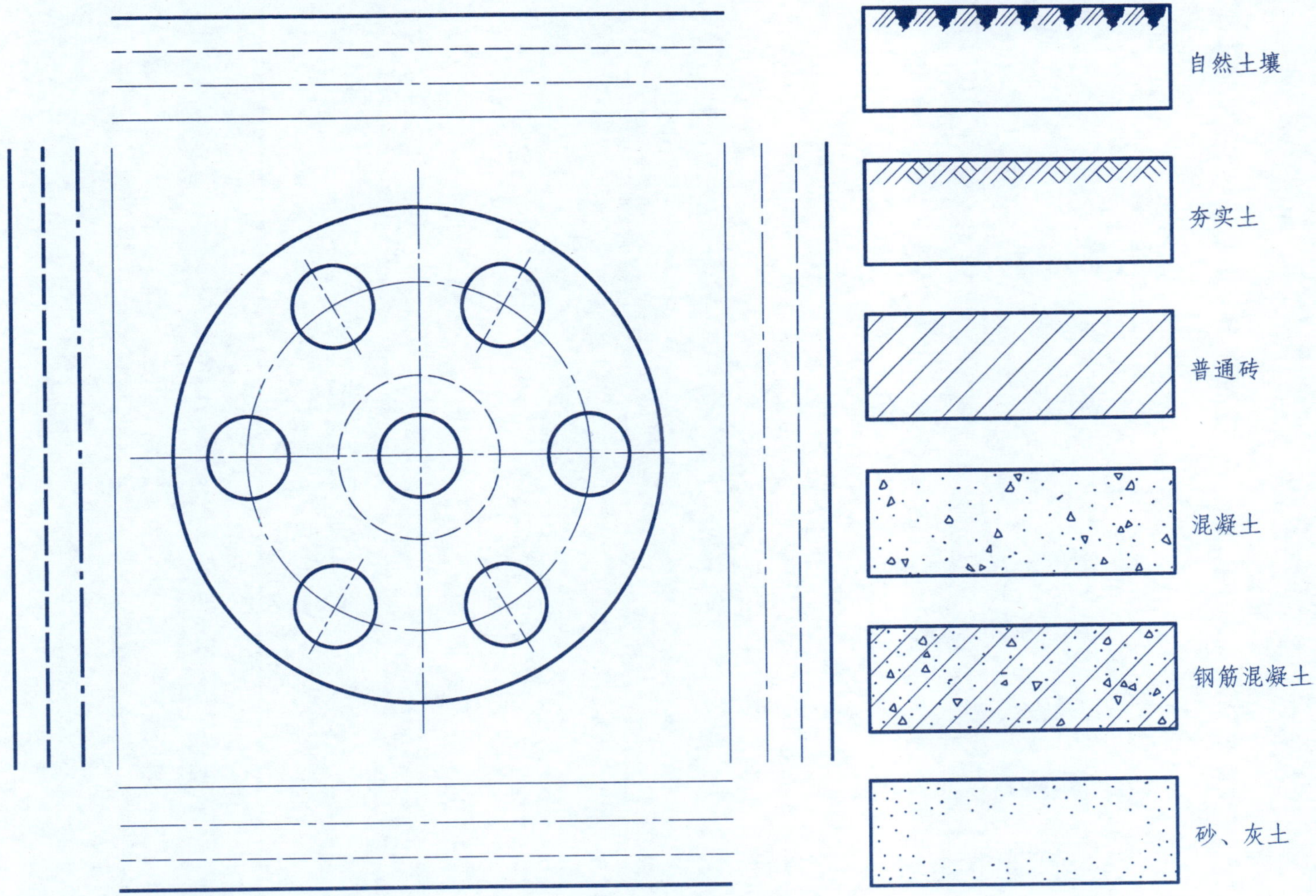

| 1-5　尺寸标注 | 班级 | | 姓名 | | 学号 | | 页次 | 5 |
|---|---|---|---|---|---|---|---|---|

1. 标注直径和半径尺寸(按 1∶1 的比例在图中量取)。

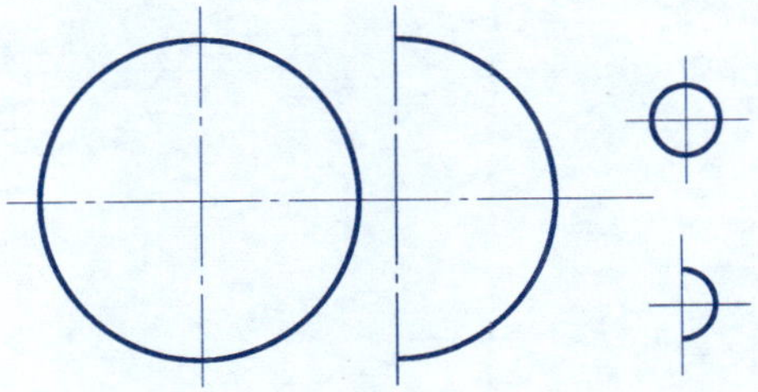

2. 标注角度(按 1∶1 的比例在图中量取)。

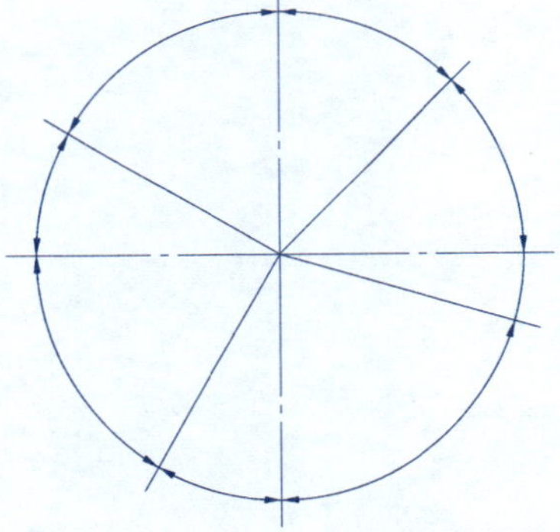

3. 在给出的尺寸标注位置上标注尺寸数字(按 1∶20 的比例在图中量取)。

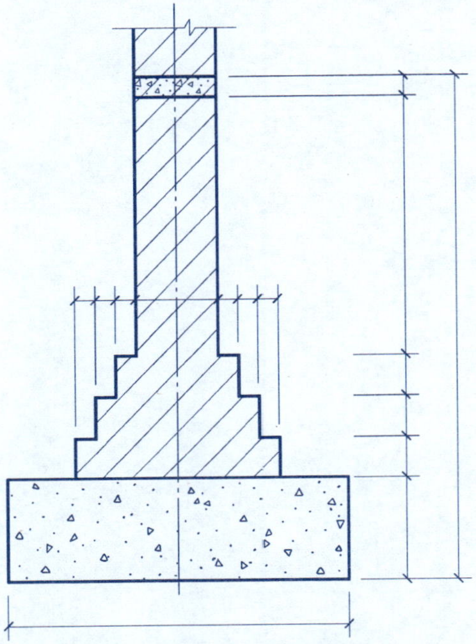

4. 将下图中的错误尺寸在上图中正确标出。

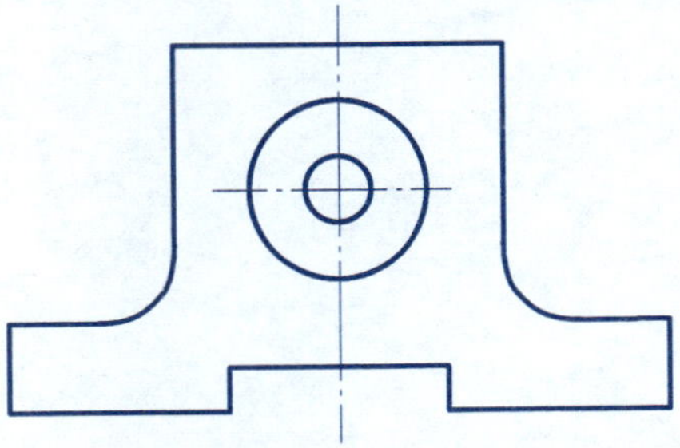

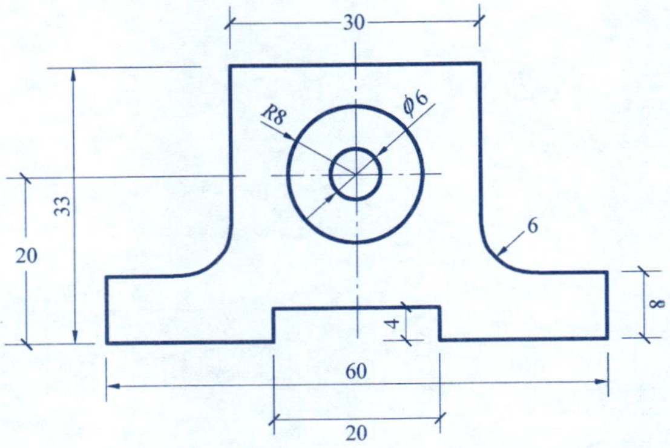

| 1-6　几何作图 | 班级 | | 姓名 | | 学号 | | 页次 | 6 |
|---|---|---|---|---|---|---|---|---|

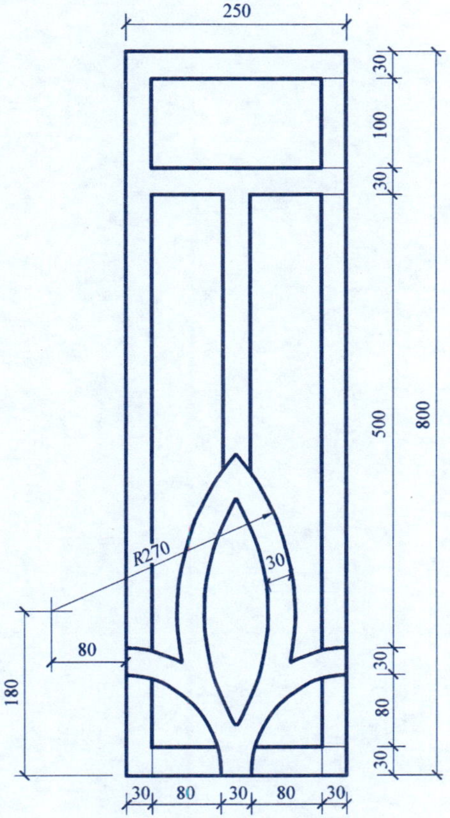


花墙1：5

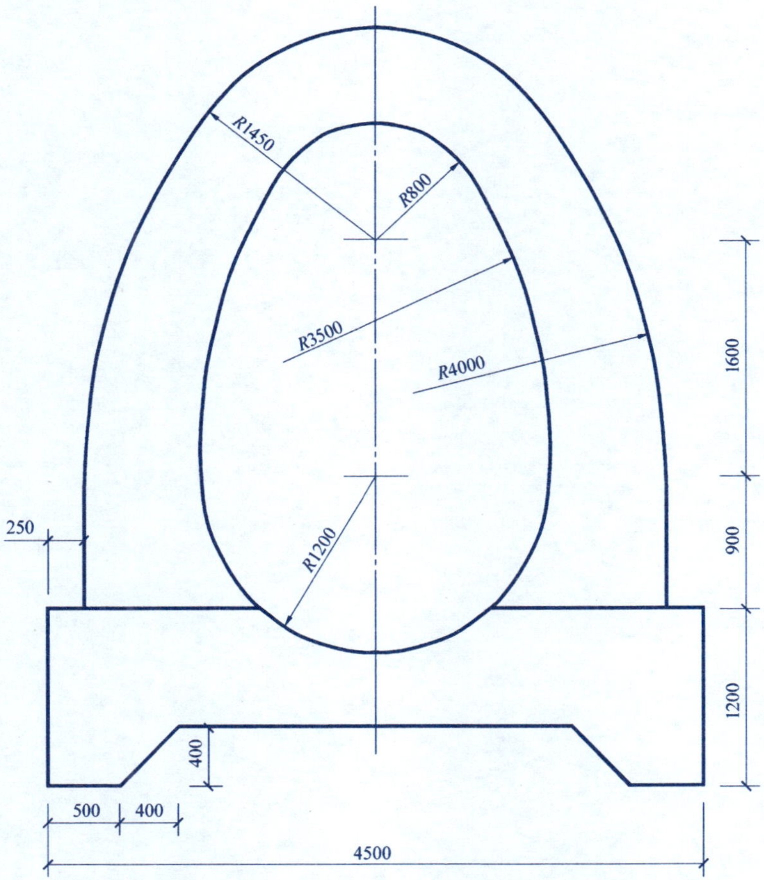


涵洞1:50

| 2-1 根据立体图和两个视图画出第三视图 | 班级 | | 姓名 | | 学号 | | 页次 | 7 |
|---|---|---|---|---|---|---|---|---|

1.

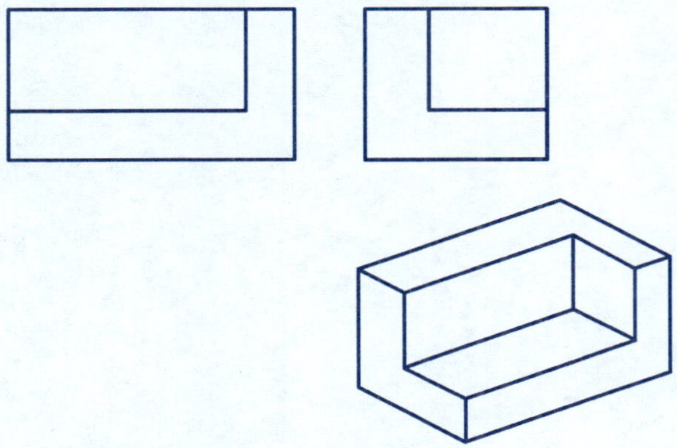

2.

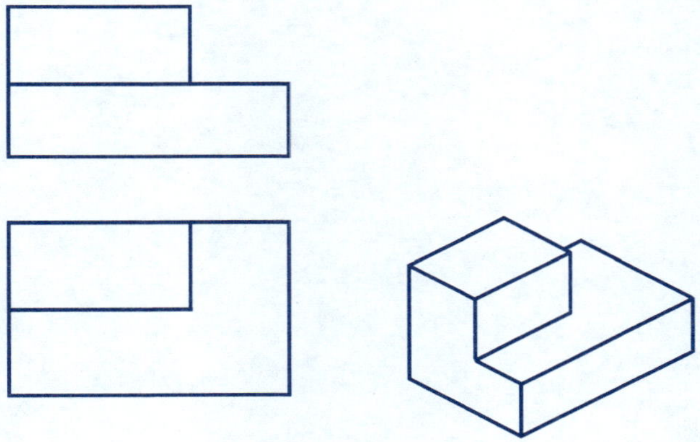

3.

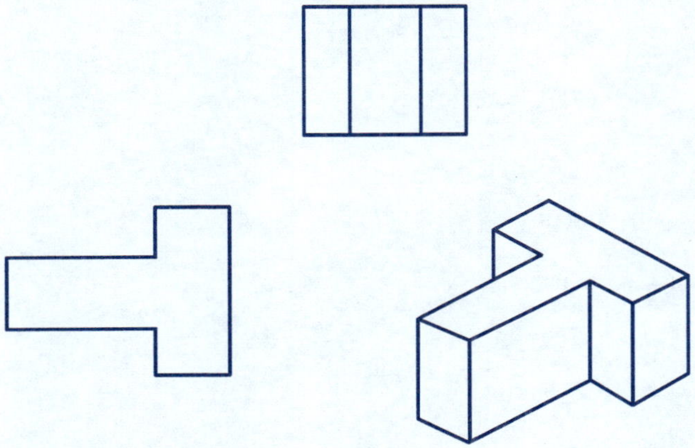

4. 在视图中标出长、宽、高和前、后、上、下、左、右。

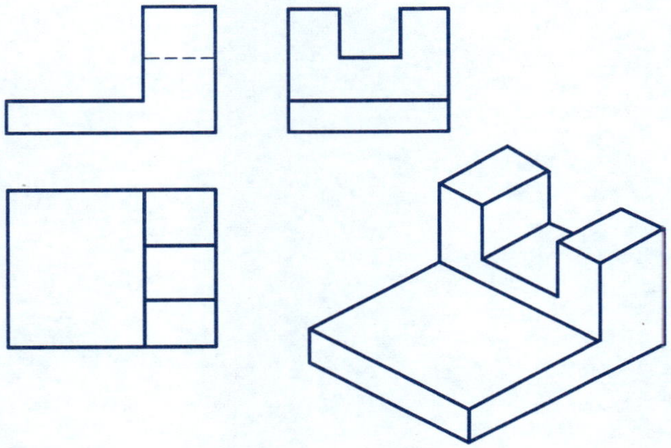

| 2-2　根据立体图找出对应的三视图 | 班级 | | 姓名 | | 学号 | | 页次 | 8 |
|---|---|---|---|---|---|---|---|---|

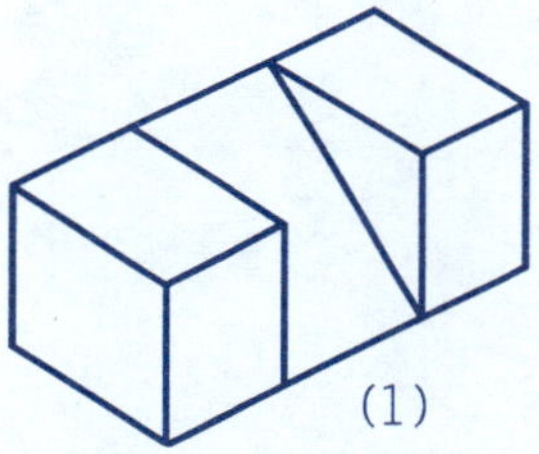
(1)

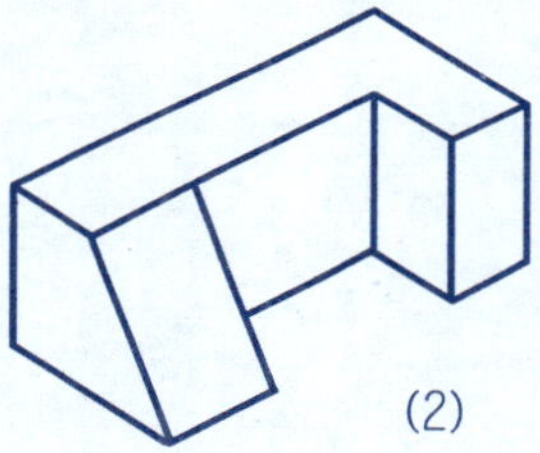
(2)

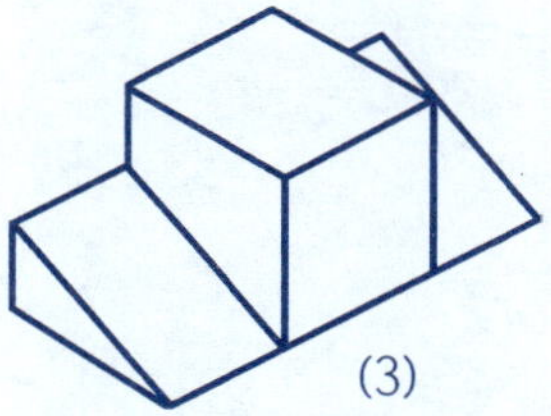
(3)

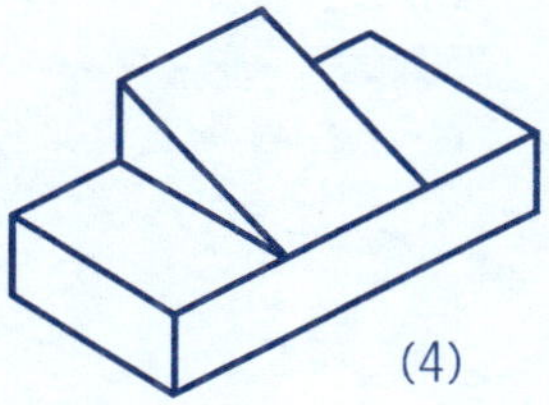
(4)

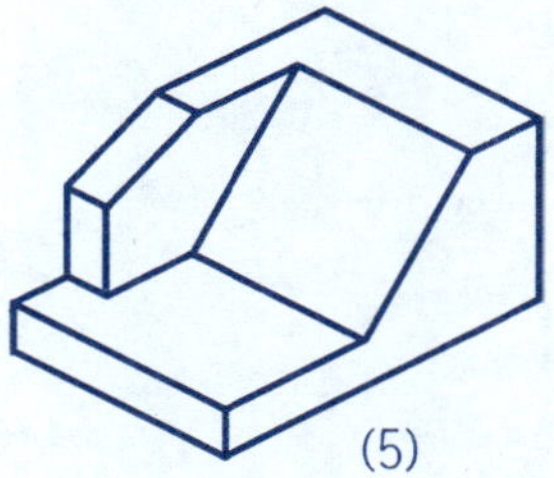
(5)

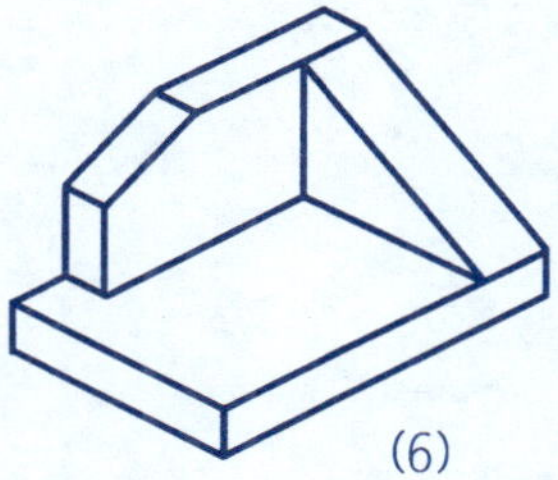
(6)

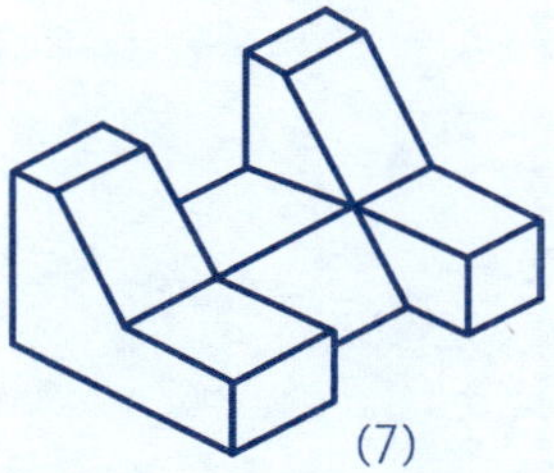
(7)

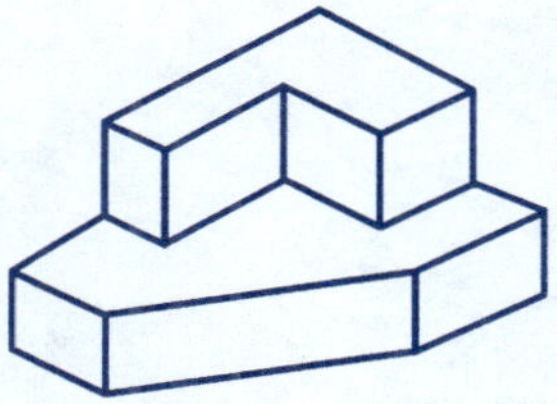
(8)

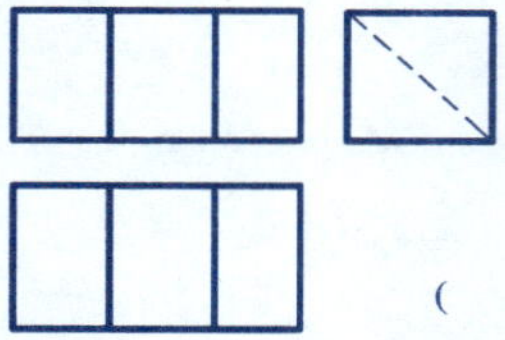
(　)

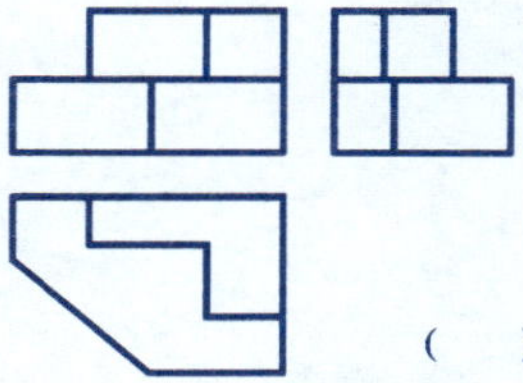
(　)

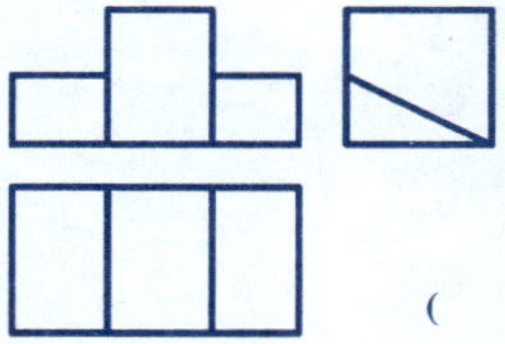
(　)

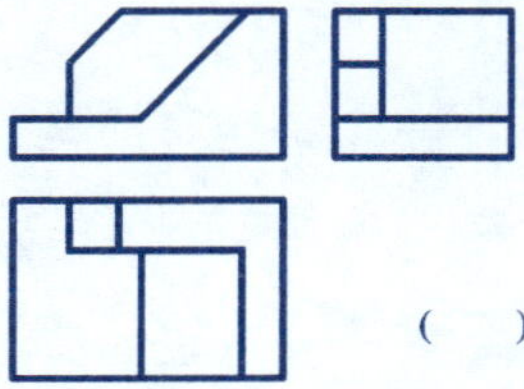
(　)

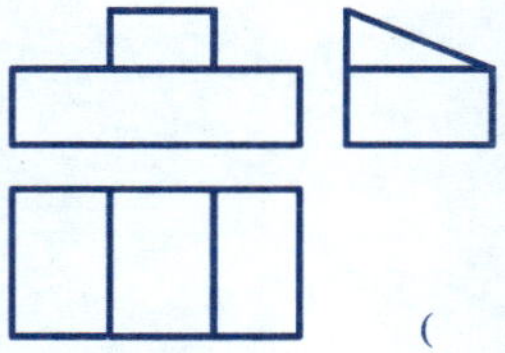
(　)

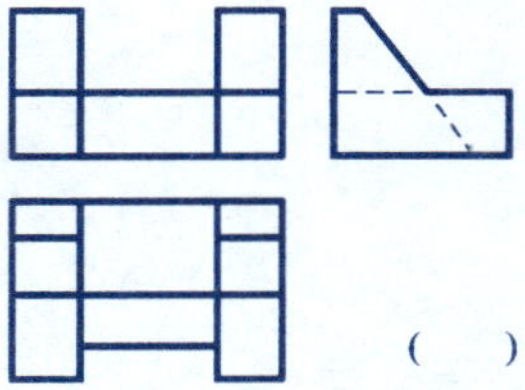
(　)

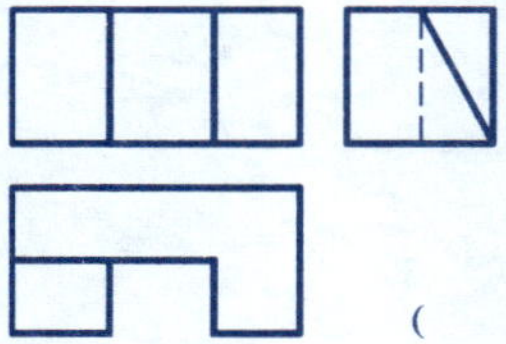
(　)

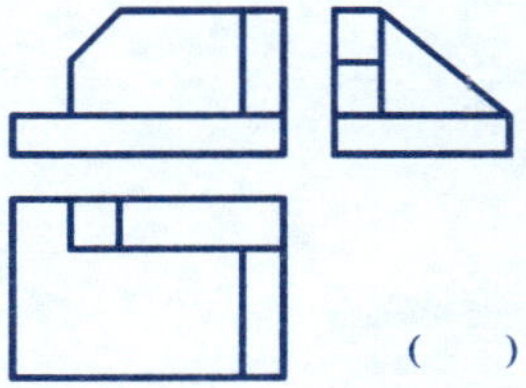
(　)

| 2-3　根据立体图画出它的完整三视图 | 班级 | | 姓名 | | 学号 | | 页次 | 9 |
|---|---|---|---|---|---|---|---|---|

1.

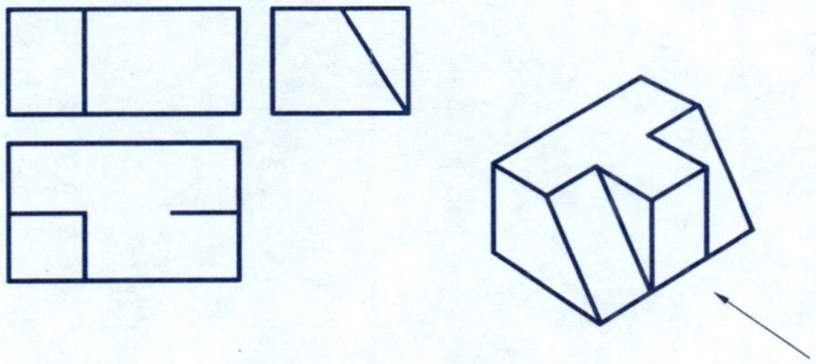

2.

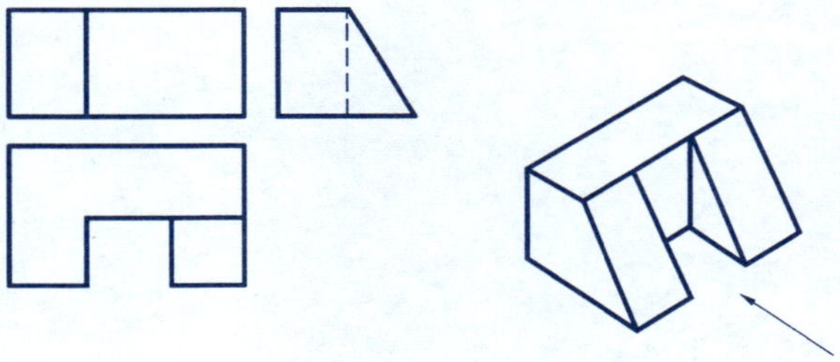

3.

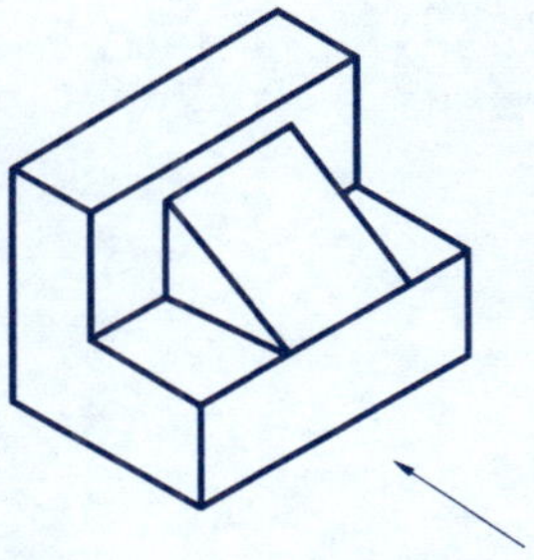

4.

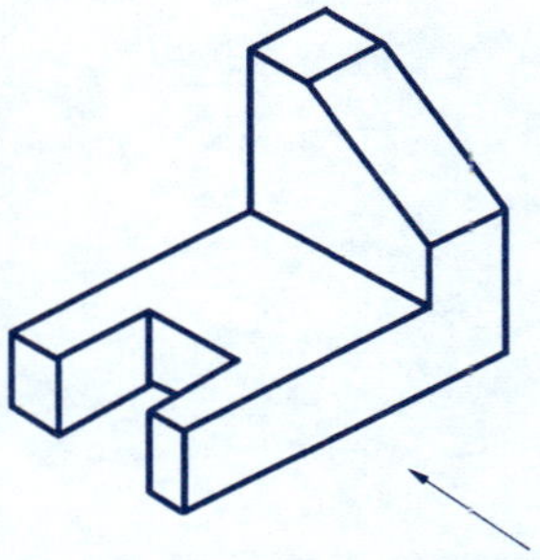

| 3-1　点的投影 | 班级 | | 姓名 | | 学号 | | 页次 | 10 |
|---|---|---|---|---|---|---|---|---|

1．由立体图画 $A$、$B$、$C$ 三点的三面投影图，并量出各点的坐标值填入下列括号内。

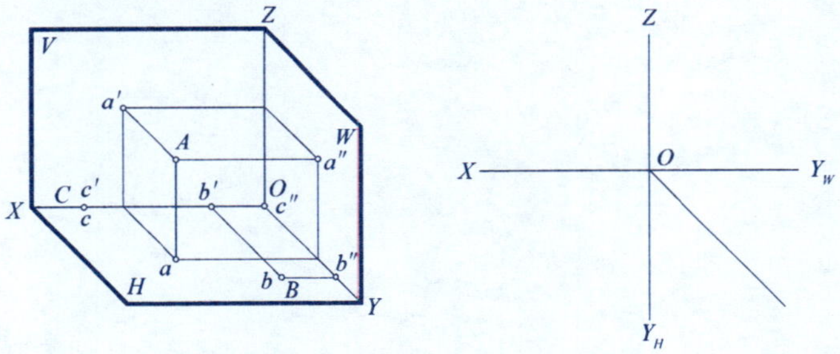


$A$（　　　）；$B$（　　　）；$C$（　　　）

2．由点的两面投影求第三面投影，并画立体图。

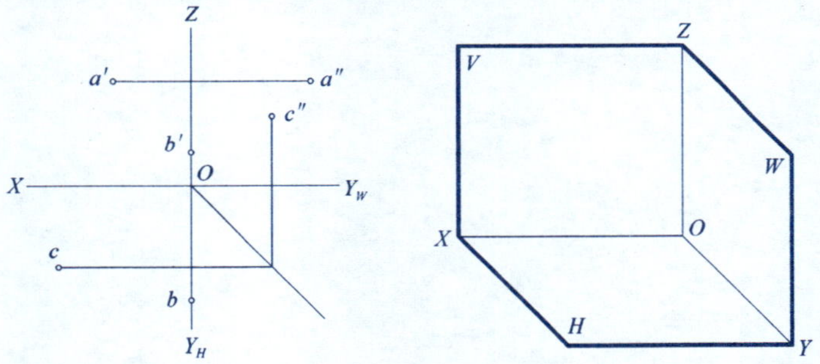


3．根据点的相对位置作出 $B$、$C$、$D$ 各点的投影，并判别重影点的可见性。①点 $B$ 在点 $A$ 之左 20 mm、之前 10 mm、之下 15 mm；②点 $C$ 在点 $A$ 正前方 15 mm；③点 $D$ 在点 $A$ 正右方 10 mm。

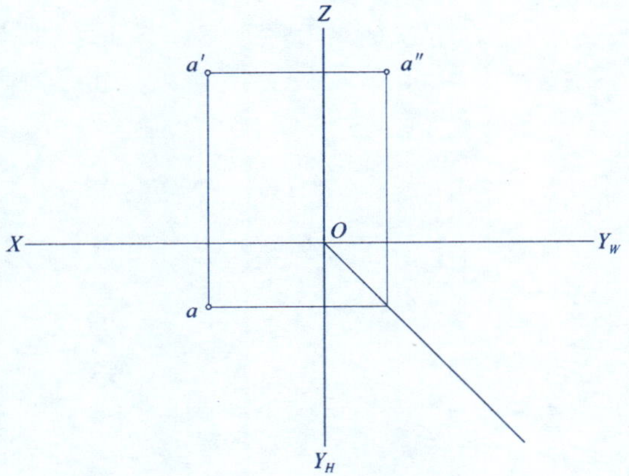


4．比较 $A$、$B$、$C$ 三点的位置。

点 $B$ 在点 $A$ 的(上下)______、(左右)______、(前后)______

点 $B$ 在点 $C$ 的(上下)______、(左右)______、(前后)______

点 $C$ 在点 $A$ 的(上下)______、(左右)______、(前后)______

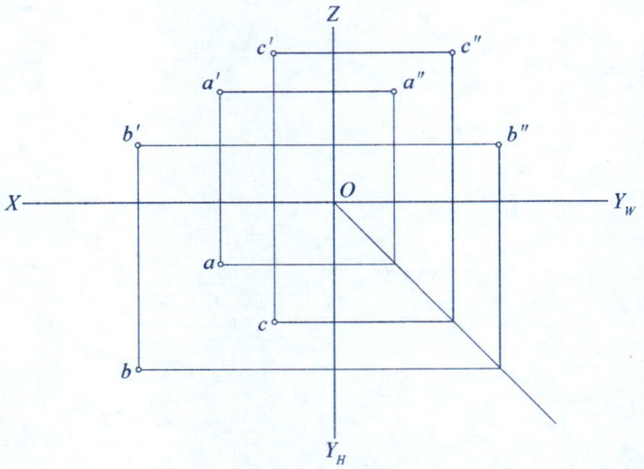

| | | | | | | | | |
|---|---|---|---|---|---|---|---|---|
| 3-2 直线的投影(一) | 班级 | | 姓名 | | 学号 | | 页次 | 11 |

1．根据直线的两面投影求作直线的第三面投影，并判断直线对投影面的位置。

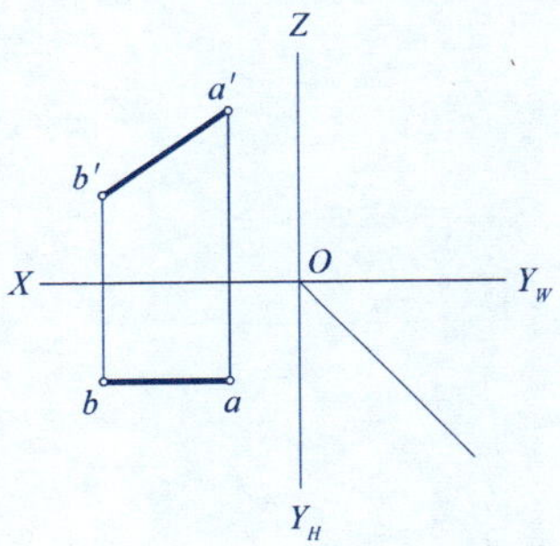


______线

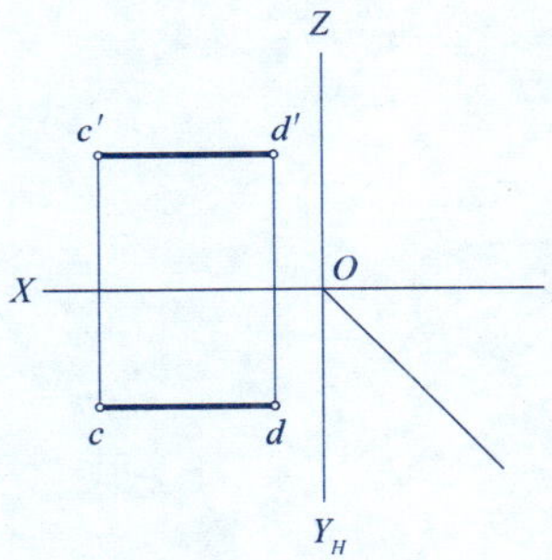


______线

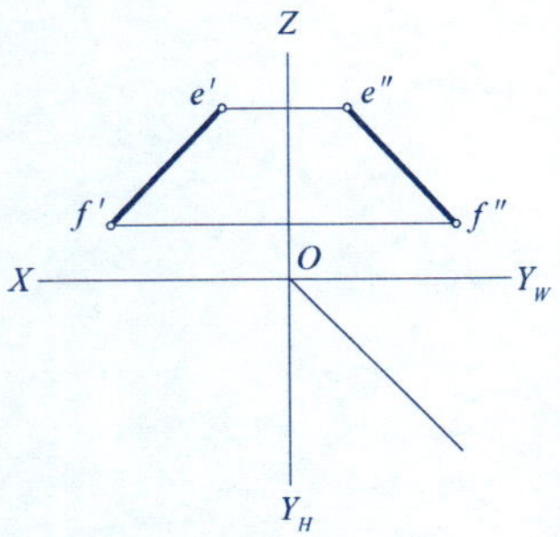


______线

2．过点 *A* 作水平线 *AB*，使其长度为 30 mm，$\beta$=30°。

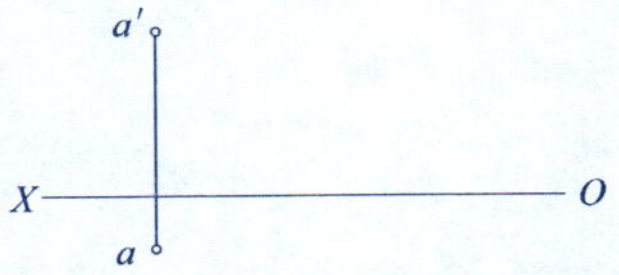


3．过点 *C* 作一条正平线 *CD* 与 *AB* 线交于点 *D*，求 *CD* 直线的投影。

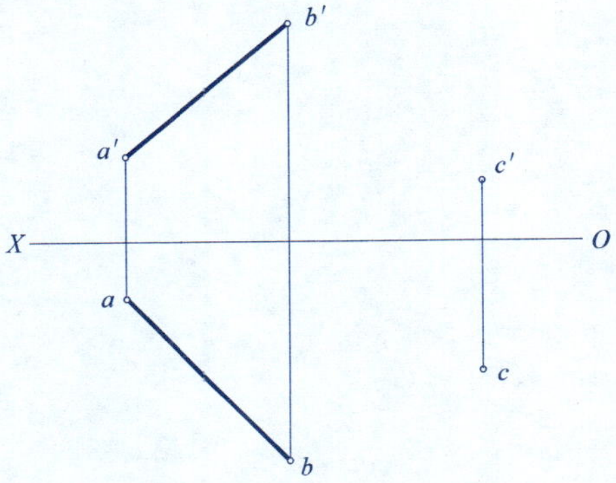


4．已知 *CD* 直线上的 *K* 点分直线 *CK*∶*KD*=3∶1，求点 *K* 的投影。

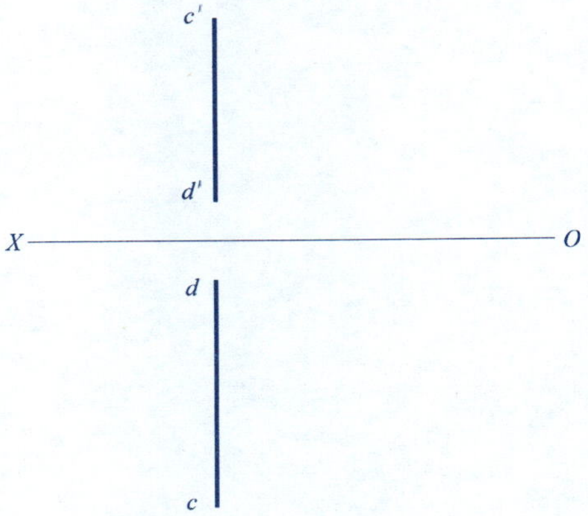

| 3-3　直线的投影(二) | 班级 | | 姓名 | | 学号 | | 页次 | 12 |
|---|---|---|---|---|---|---|---|---|

1．判断下列各直线的相对位置关系。

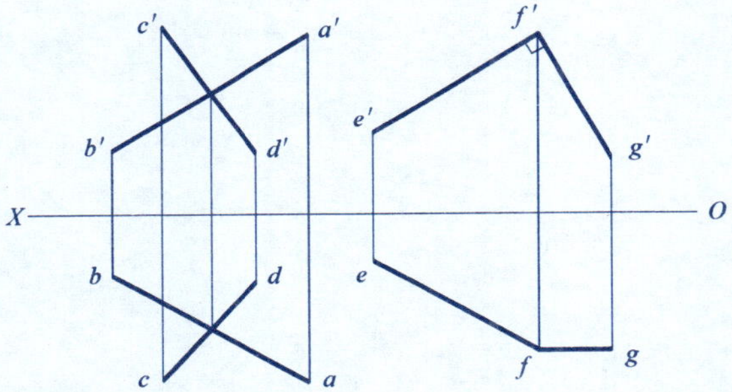


AB与CD________；AB与EF________；

CD与EF________；EF与FG________。

2．作一直线与 AB、CD 都相交，与 EF 平行。

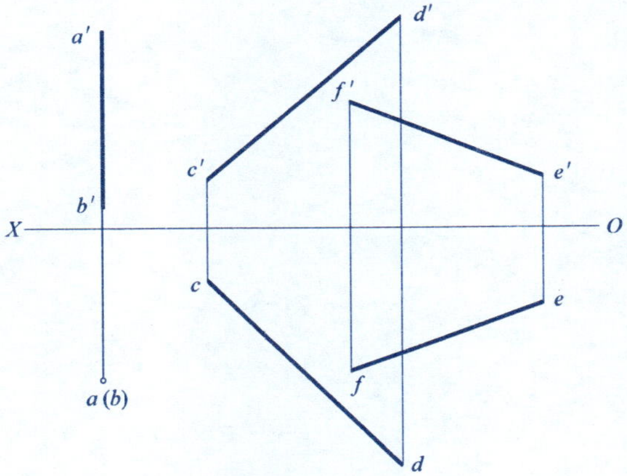


3．求点 C 到 AB 线距离的投影。

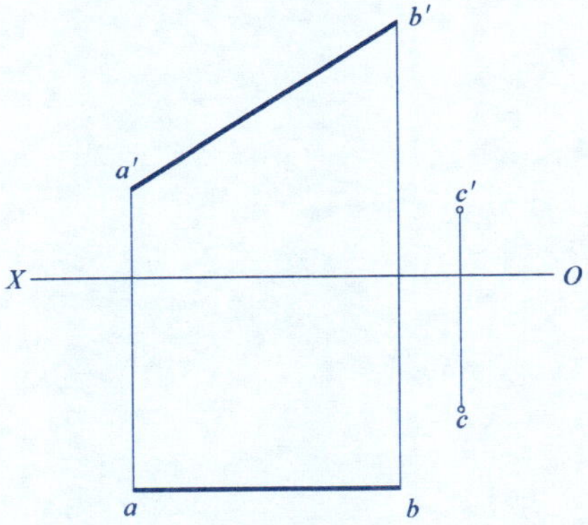


4．求两平行线间的距离。

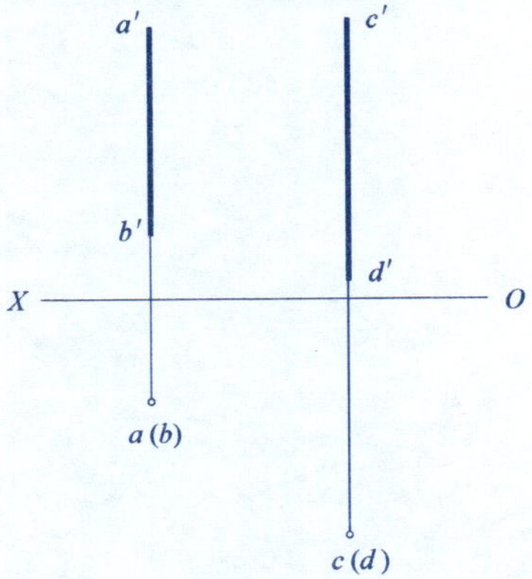


5．已知 BC 平行于 H 面，完成矩形 ABCD 的投影。

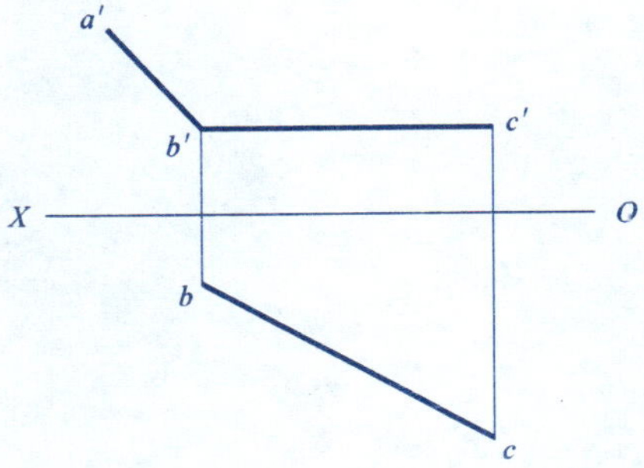

| 3-4 平面的投影 | 班级 | | 姓名 | | 学号 | | 页次 | 13 |
|---|---|---|---|---|---|---|---|---|

1．求平面的第三面投影，并判断平面对投影面的相对位置。

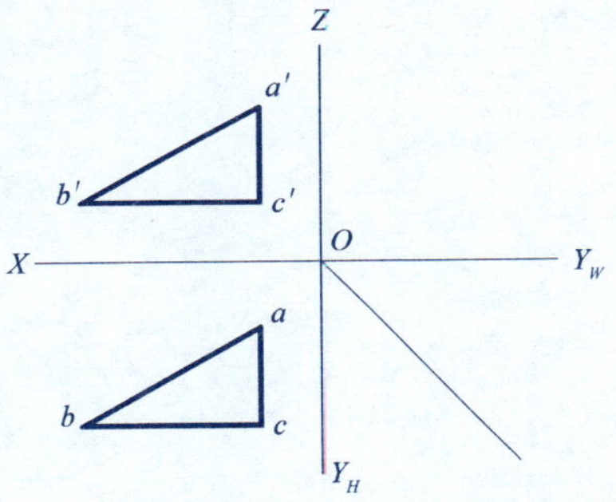


ABC 是________面

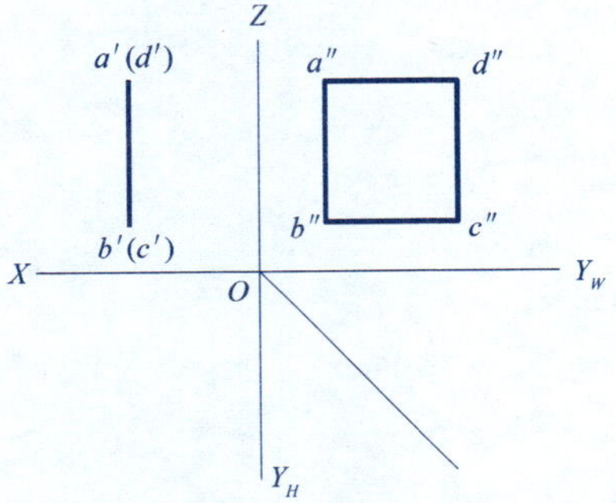


ABCD 是________面

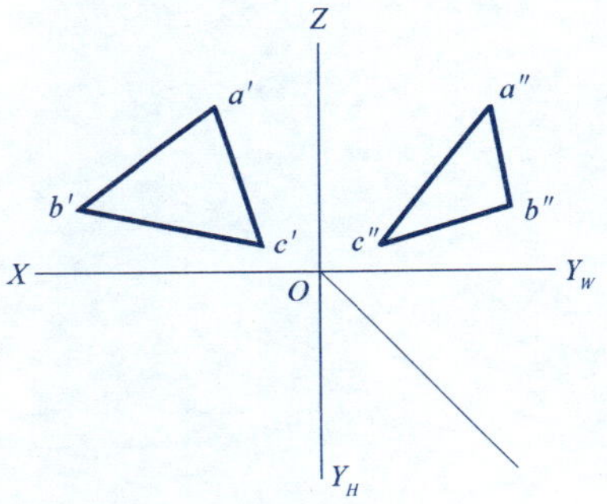


ABC 是________面

2．判别点 K 和 MN 线是否在平面内。

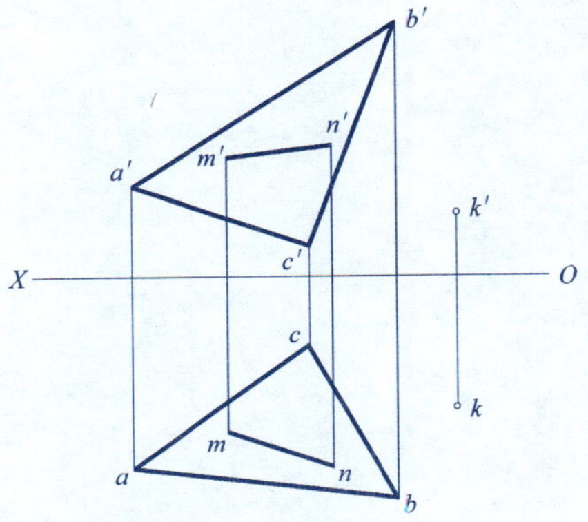


3．以 AB 为一边，作垂直于 V 面的正方形 ABCD，使其与 H 面的倾角为 45°。

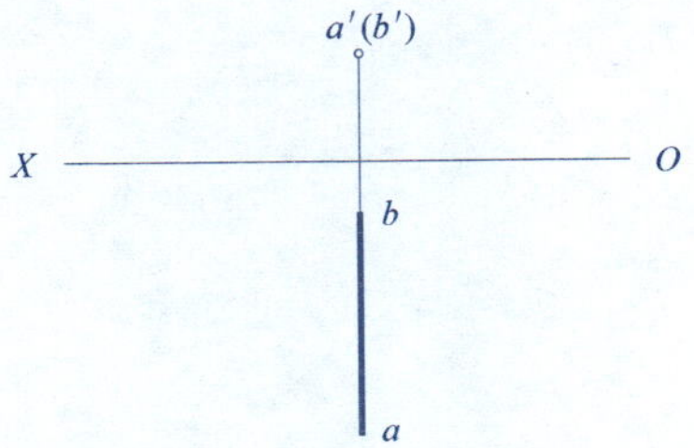


4．完成平面图形 ABCDE 的水平投影。

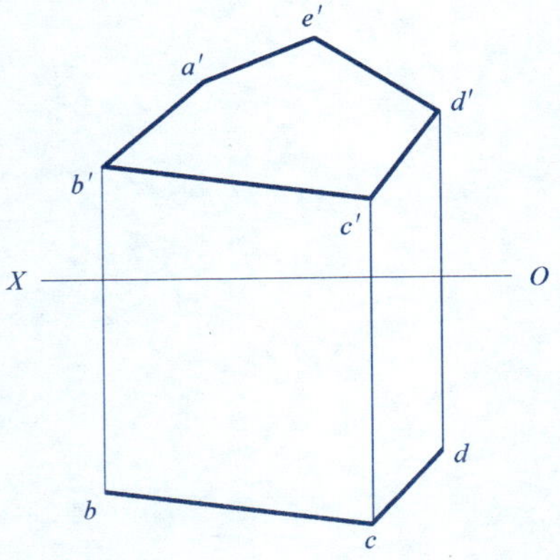

| 3-5 直线与平面、平面与平面的相对位置 | 班级 | | 姓名 | | 学号 | | 页次 | 14 |
|---|---|---|---|---|---|---|---|---|

1．判断直线与平面、平面与平面是否平行。

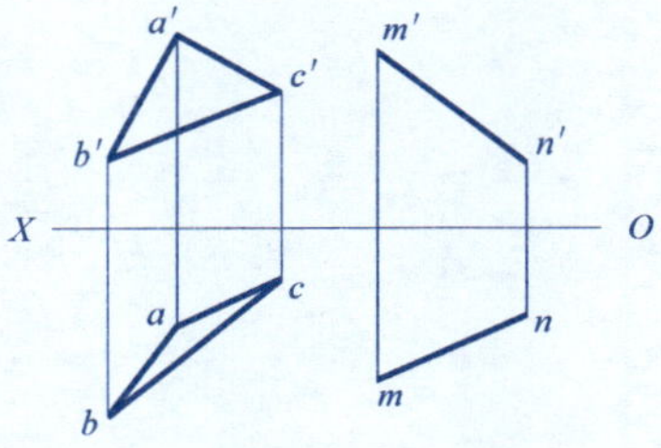


MN 线与 ABC 面________

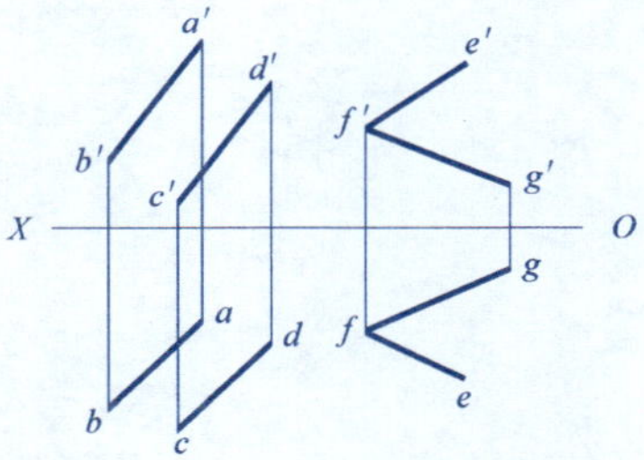


EFG 面与 ABCD 面________

2．求直线与平面的交点，并判别可见性。

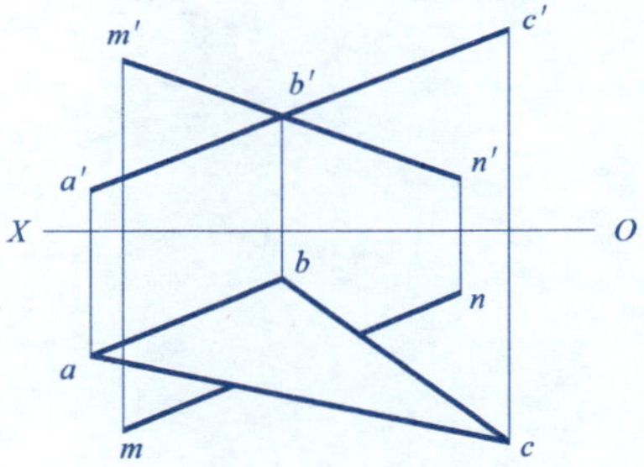


3．求直线与平面的交点，并判别可见性。

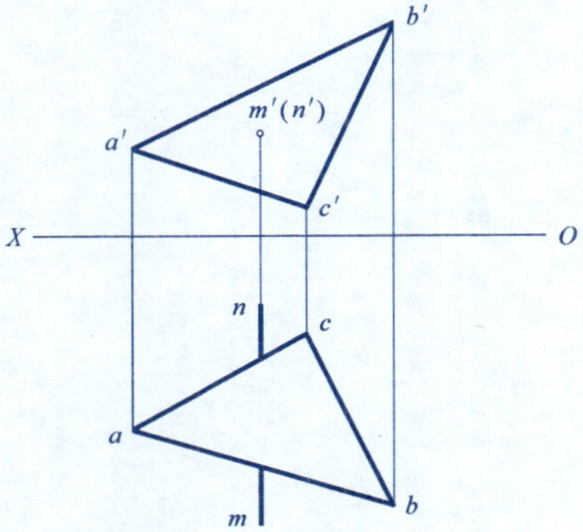


4．求平面与平面的交线，并判别可见性。

(1)

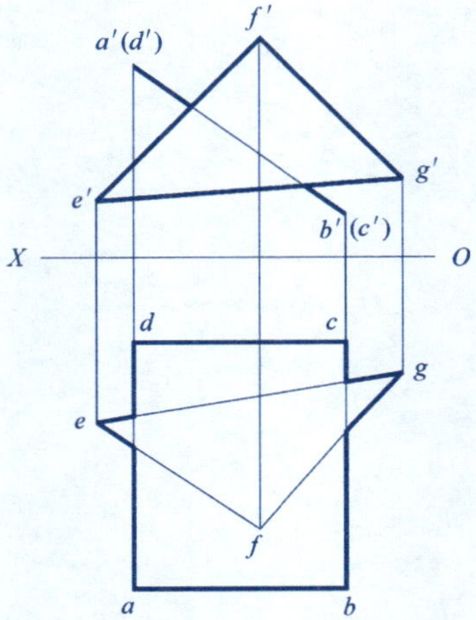


(2)

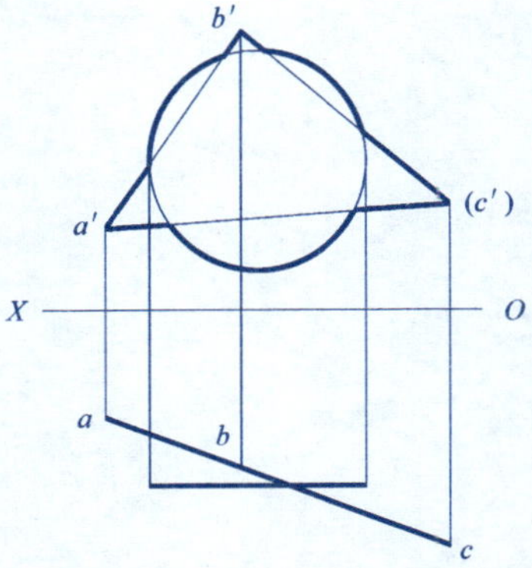

| 4-1　平面体的投影及表面上的点线 | 班级 | | 姓名 | | 学号 | | 页次 | 15 |
|---|---|---|---|---|---|---|---|---|

1．求立体表面上各点的其他两个投影。

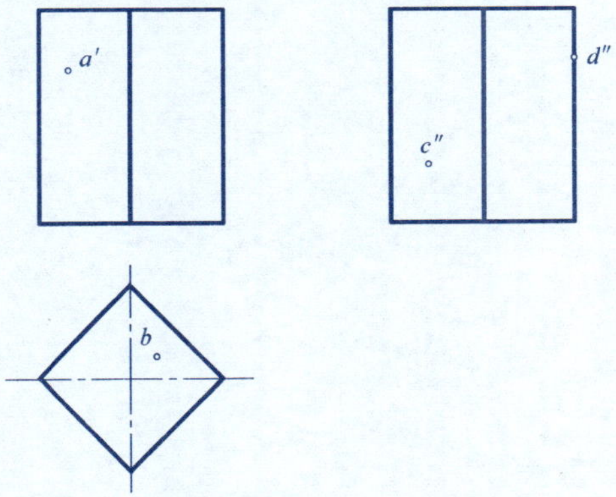


2．求立体表面上各点的其他两个投影。

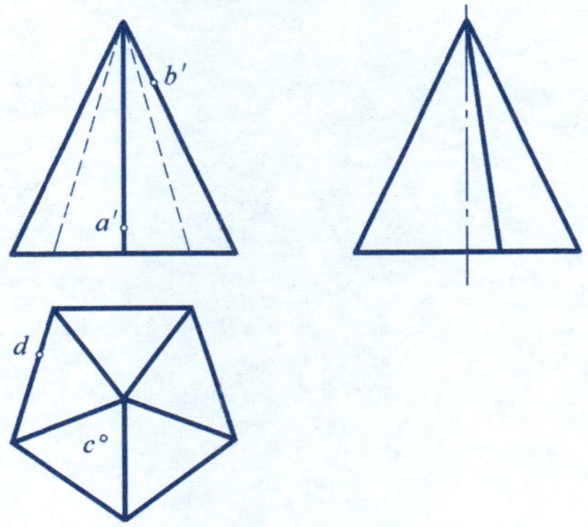


3．求立体表面上各线的其他两个投影。

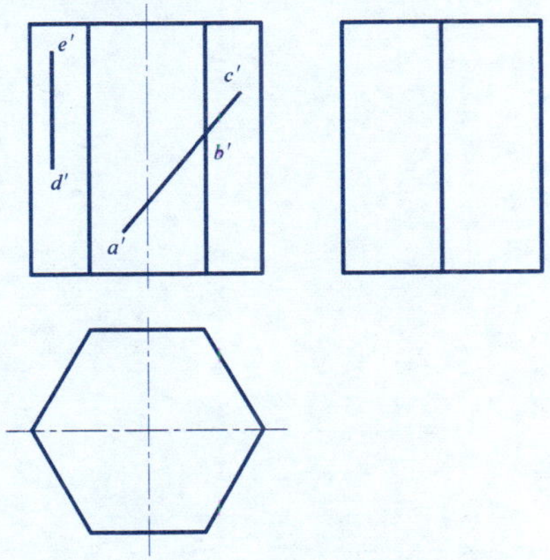


4．已知正三棱柱和正六棱锥同置于水平面上，正六棱锥高18，试完成它们的V面、W面的投影。

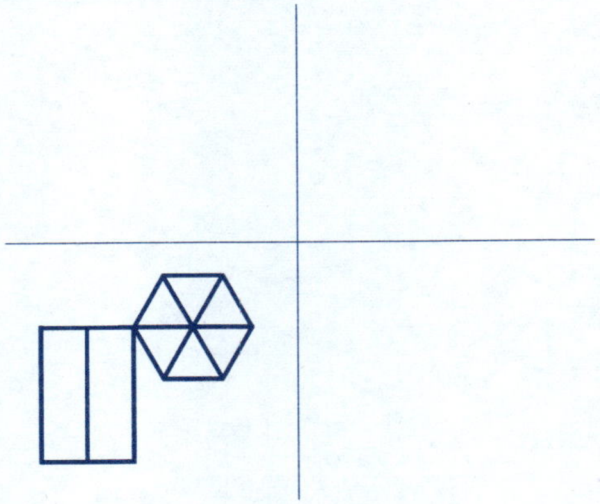

| 4-2 曲面体的投影及表面上的点线 | 班级 | | 姓名 | | 学号 | | 页次 | 16 |
|---|---|---|---|---|---|---|---|---|

1．试求圆柱体表面上各点的其他投影。

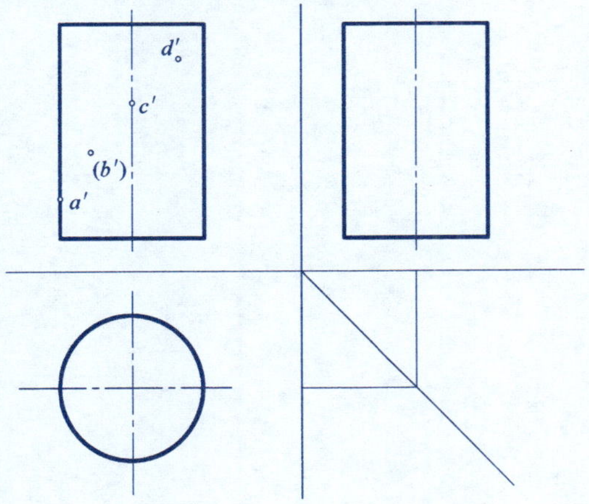


2．试完成圆锥体表面各点的其他两个投影。

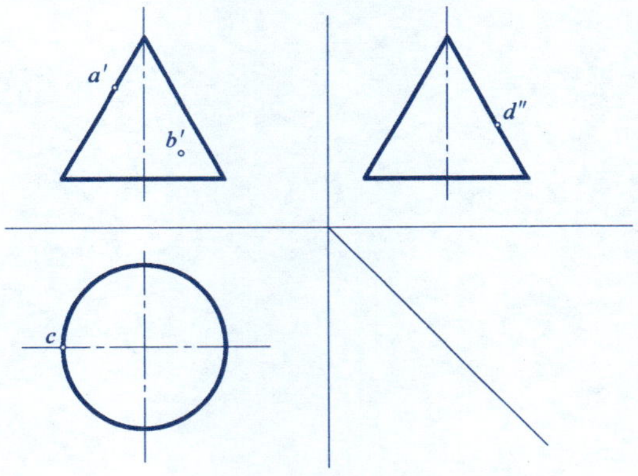


3．试求圆锥台表面上线的其他两个投影。

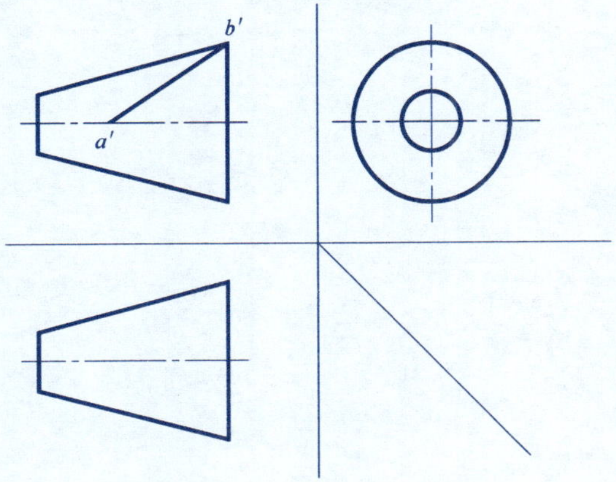


4．试完成圆球体表面上点、线的其他两个投影。

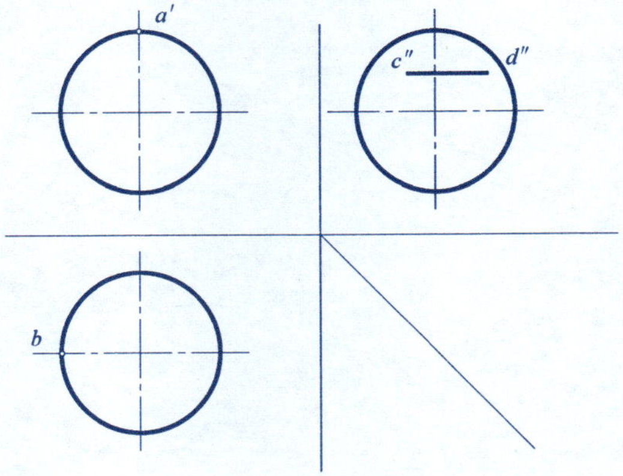

| 4-3 简单体识读(根据两视图补画第三视图轮廓中的图线) | 班级 | | 姓名 | | 学号 | | 页次 | 17 |
|---|---|---|---|---|---|---|---|---|

1.

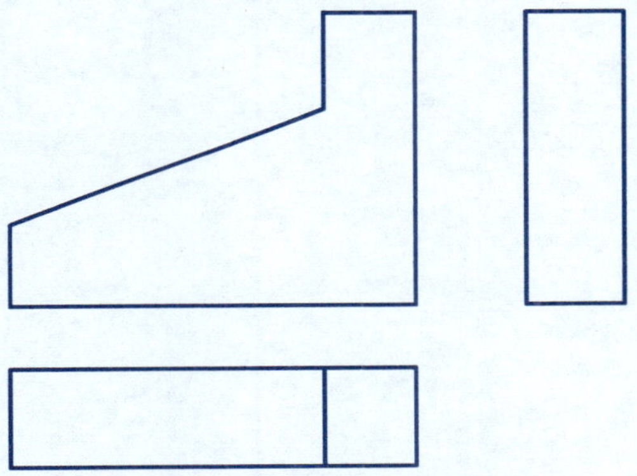

2.

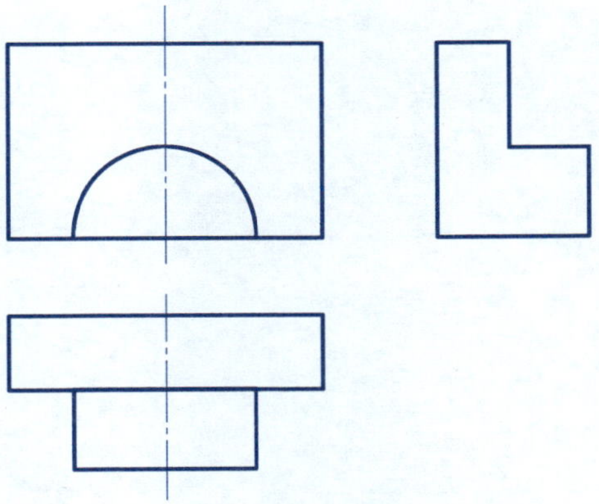

3.

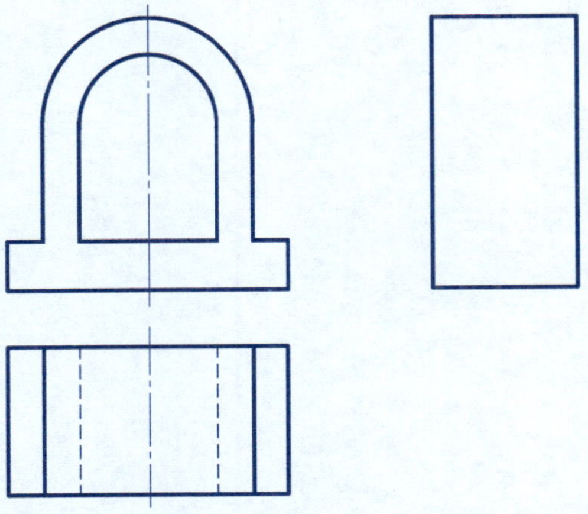

4.

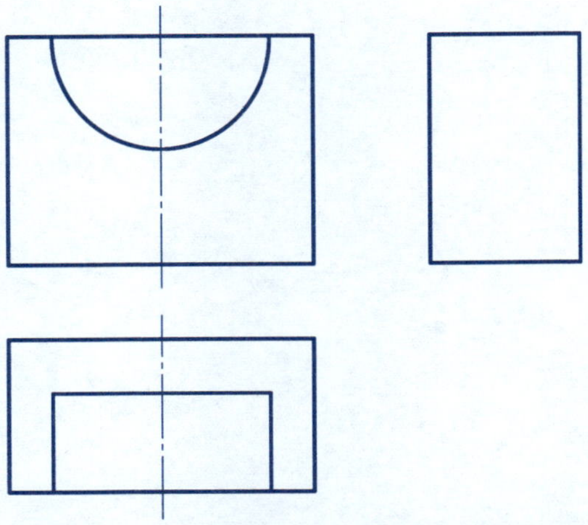

| 4-4 基本体补视图(根据立体的两视图补绘第三视图) | 班级 | | 姓名 | | 学号 | | 页次 | 18 |
|---|---|---|---|---|---|---|---|---|

1.

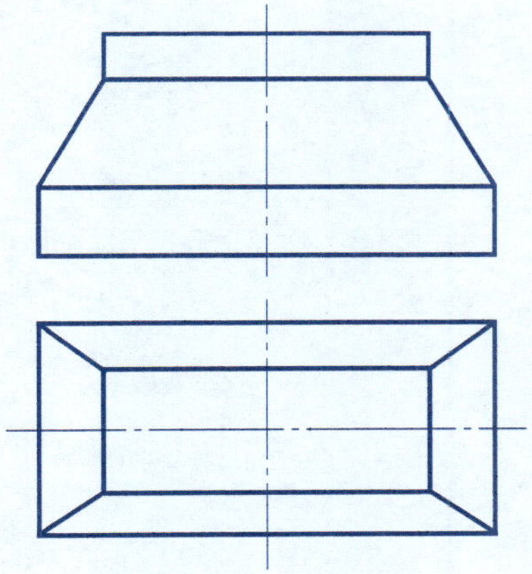

2.

3.

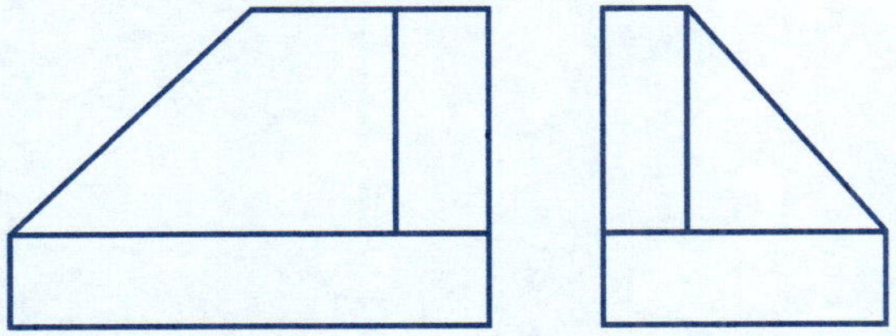

4.

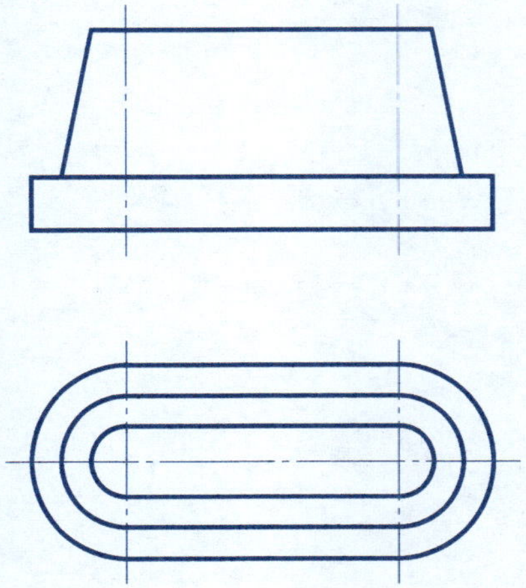

| 5-1　求平面体的截交线 | 班级 | | 姓名 | | 学号 | | 页次 | 19 |
|---|---|---|---|---|---|---|---|---|

1.

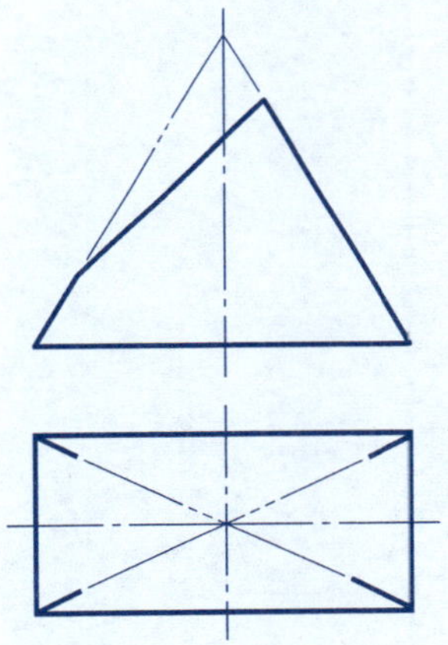

2.

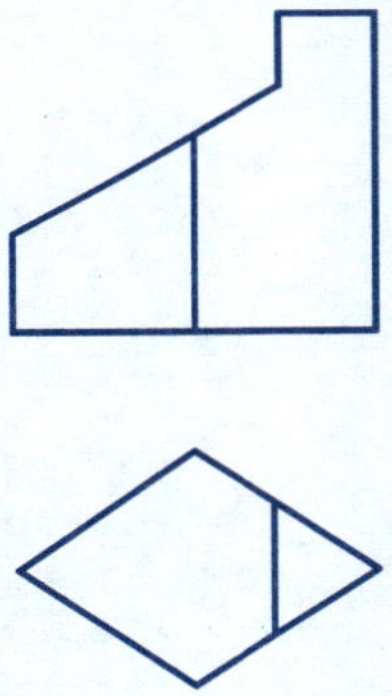

3.

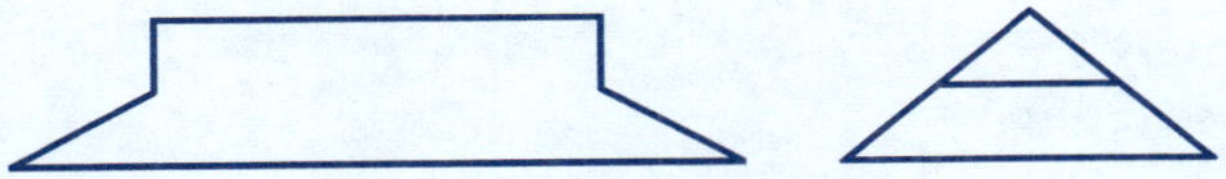

4.

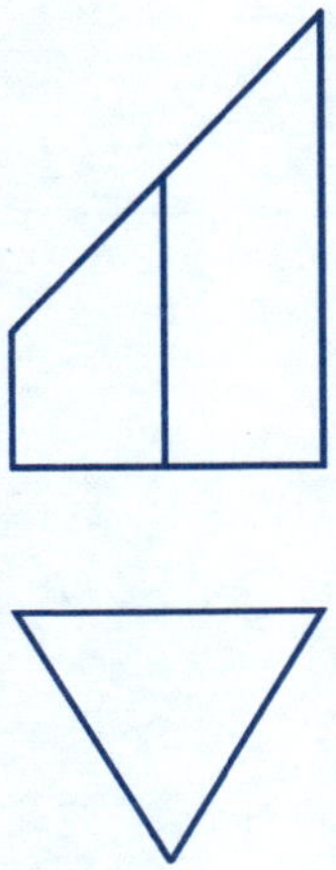

| 5-2　求两平面体的相贯线 | 班级 | | 姓名 | | 学号 | | 页次 | 20 |
|---|---|---|---|---|---|---|---|---|

1.

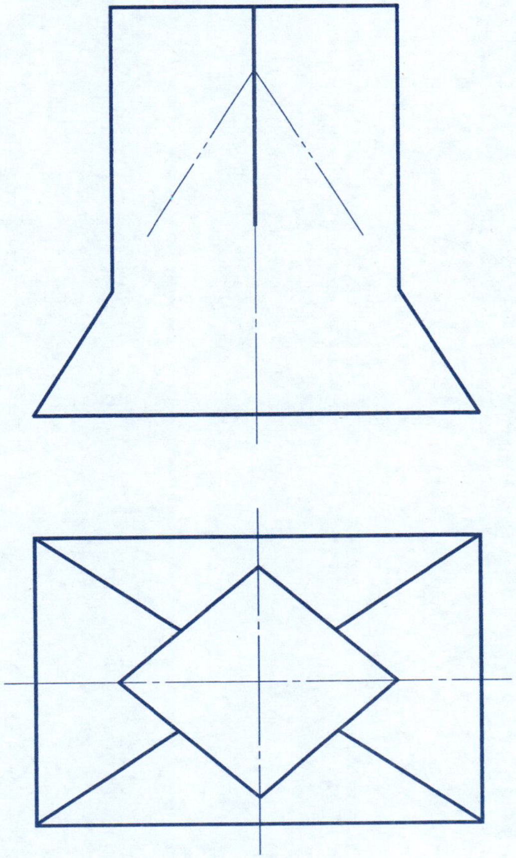

2.

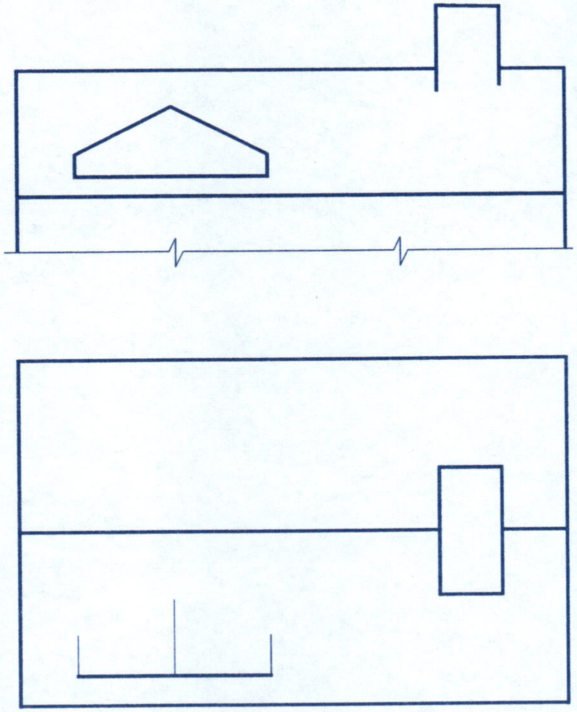

| 5-3 求圆柱的截交线 | 班级 | | 姓名 | | 学号 | | 页次 | 21 |
|---|---|---|---|---|---|---|---|---|

1.

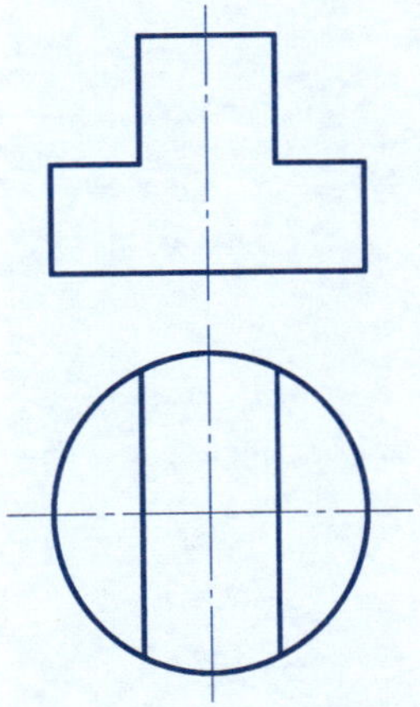

2.

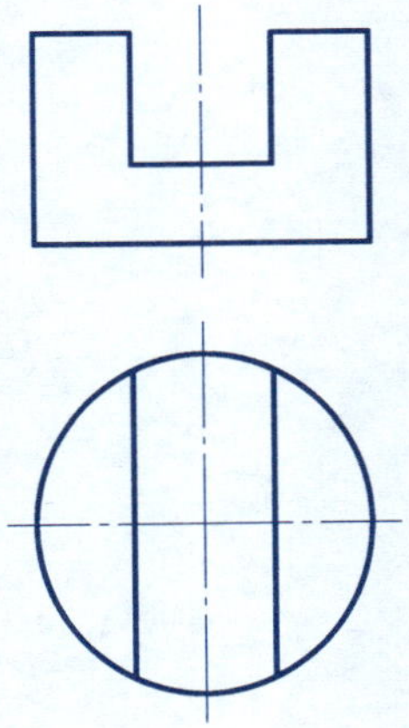

3.

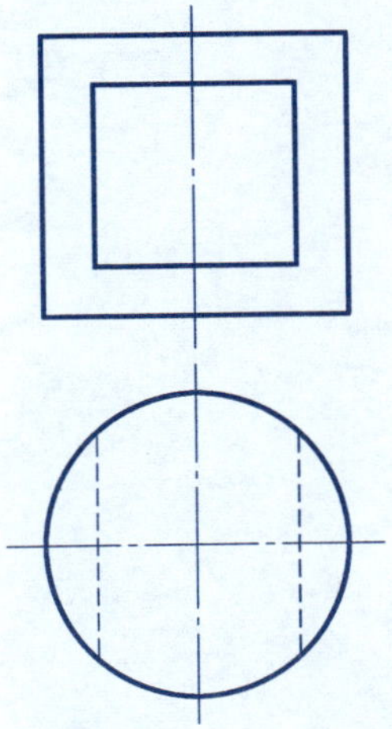

4.

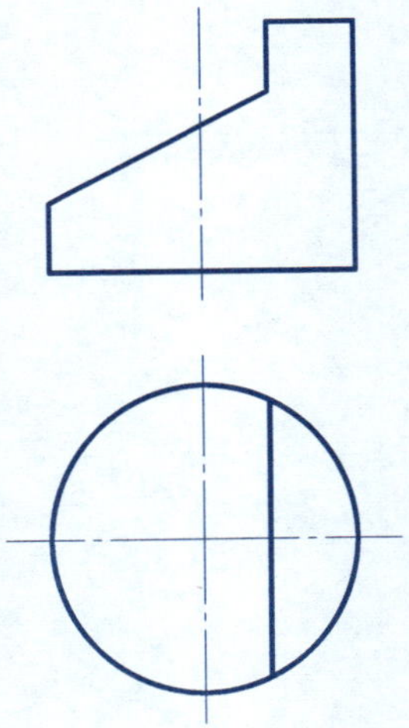

| 5-4　求圆柱体与平面体的相贯线 | 班级 | | 姓名 | | 学号 | | 页次 | 22 |
|---|---|---|---|---|---|---|---|---|

1．求圆柱与四棱柱的相贯线。

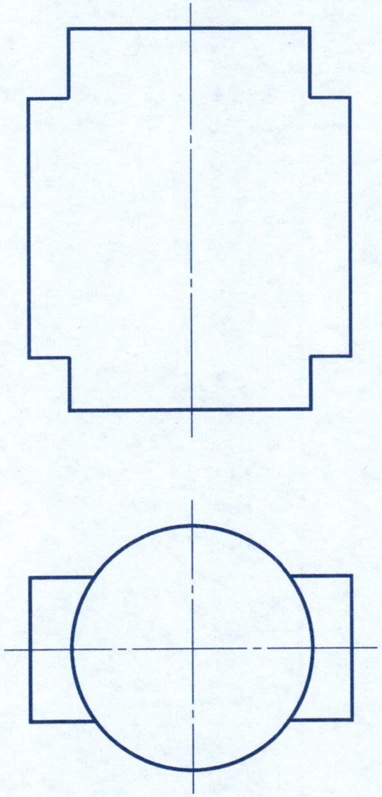

2.

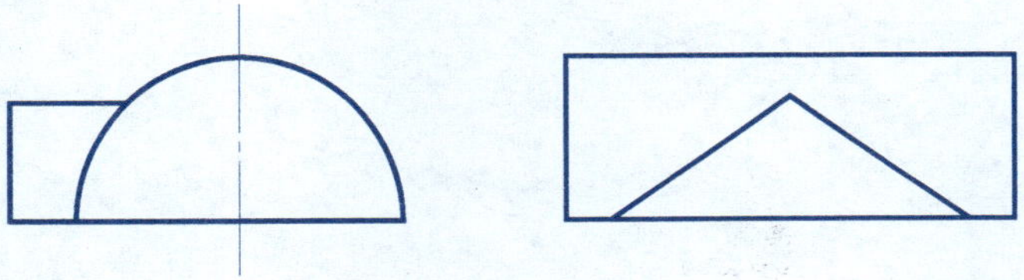

3.

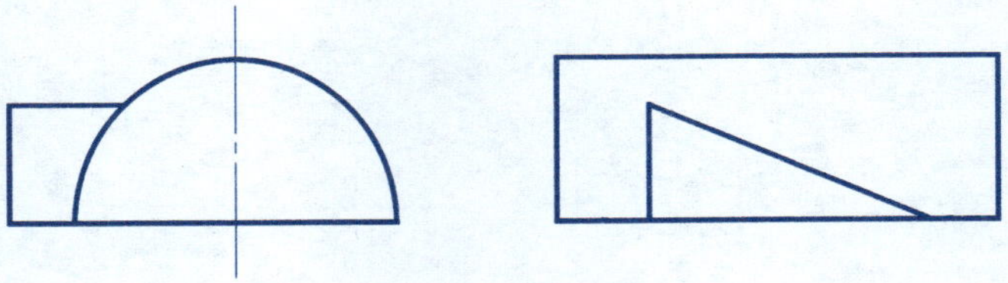

| 5-5 求圆锥的截交线 | 班级 | | 姓名 | | 学号 | | 页次 | 23 |
|---|---|---|---|---|---|---|---|---|

1.

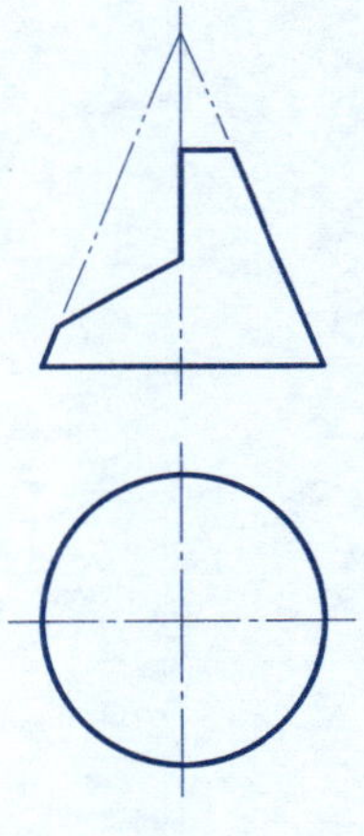

2.

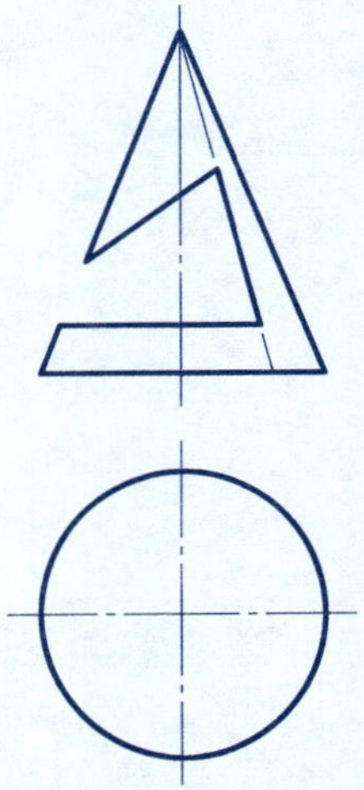

3.

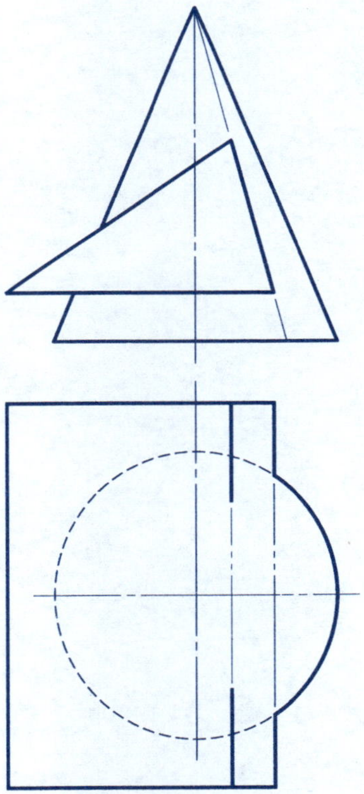

| 5-6 求曲面体的截交线和相贯线 | 班级 | | 姓名 | | 学号 | | 页次 | 24 |
|---|---|---|---|---|---|---|---|---|

1.

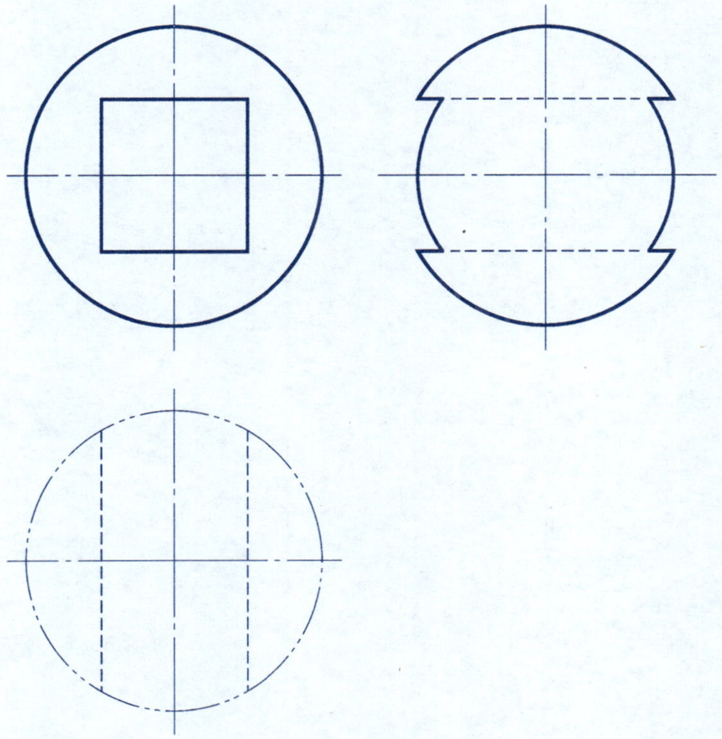

2.

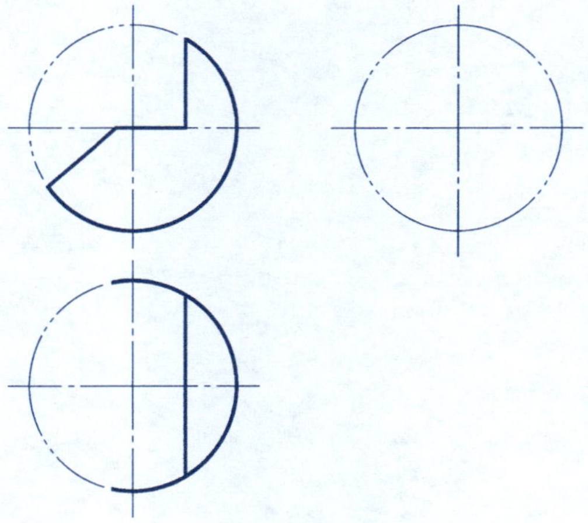

3.

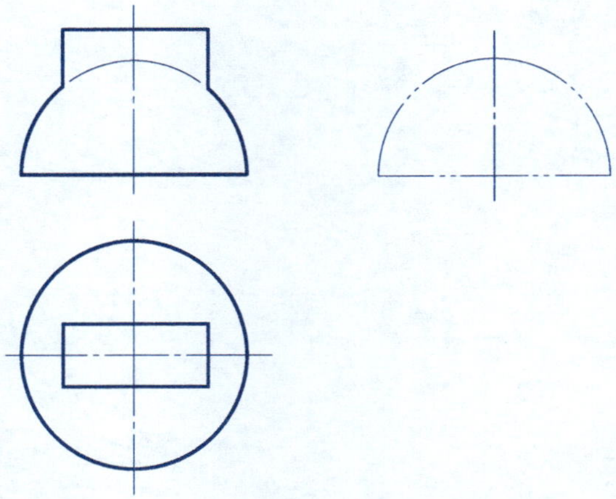

| 5-7　求曲面体的相贯线 | 班级 | | 姓名 | | 学号 | | 页次 25 |
| --- | --- | --- | --- | --- | --- | --- | --- |

1.

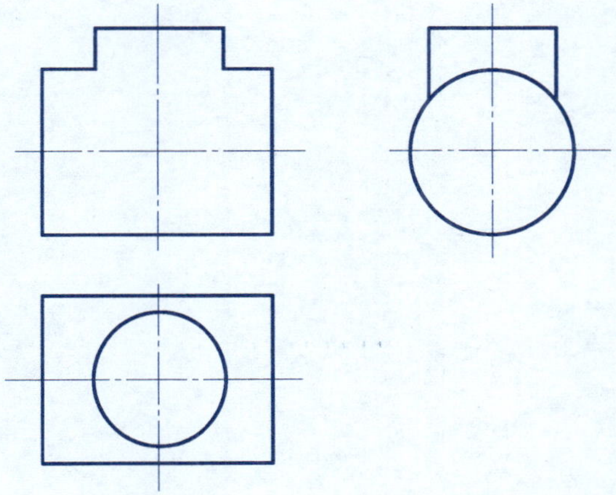

2.

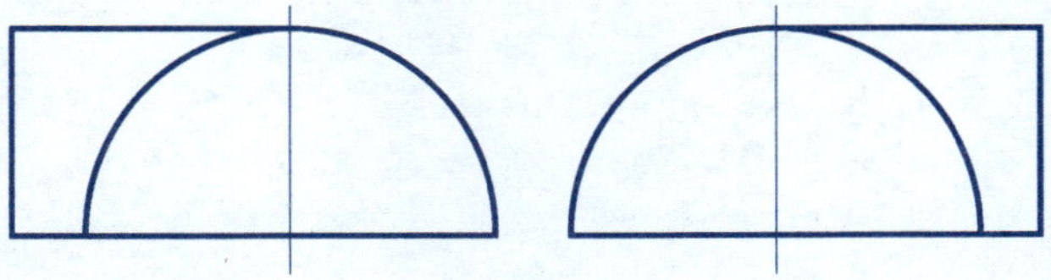

3.

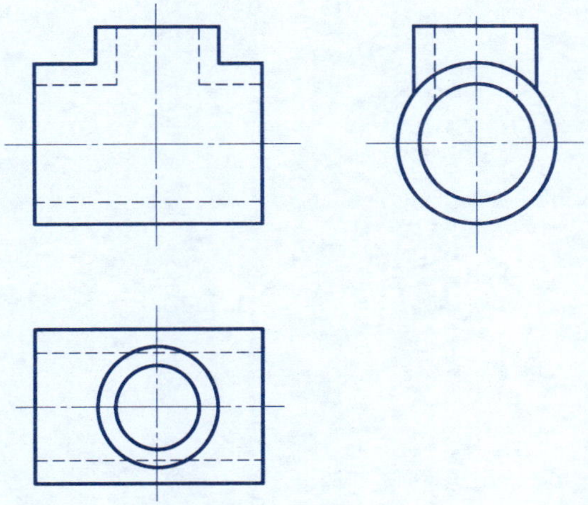

4.

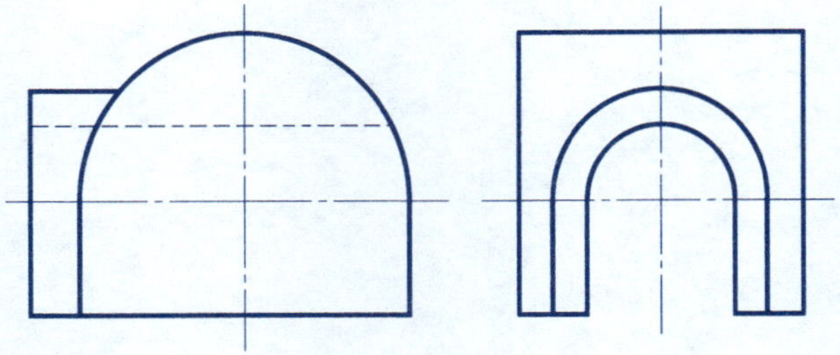

| 5-8 求曲面体的相贯线 | 班级 | | 姓名 | | 学号 | | 页次 | 26 |
|---|---|---|---|---|---|---|---|---|

1.

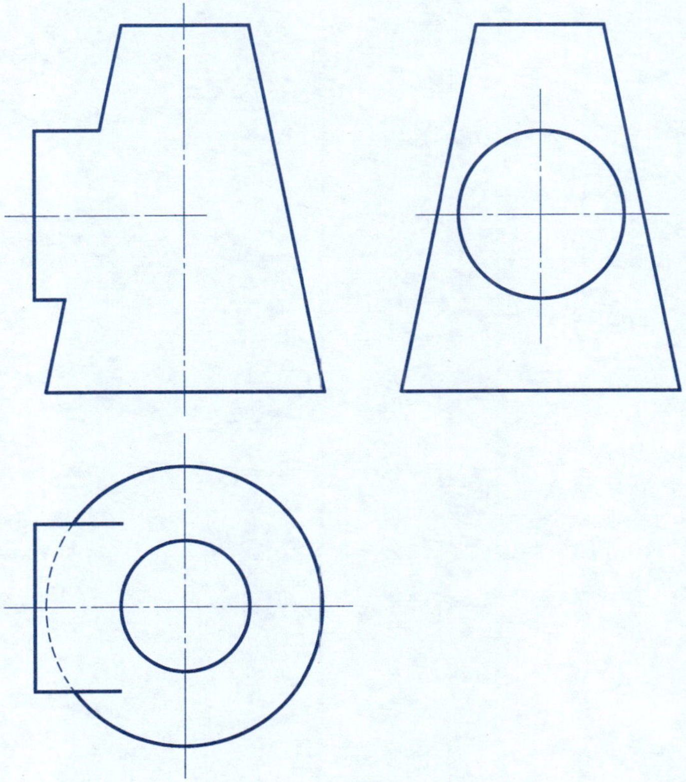

2.

3.

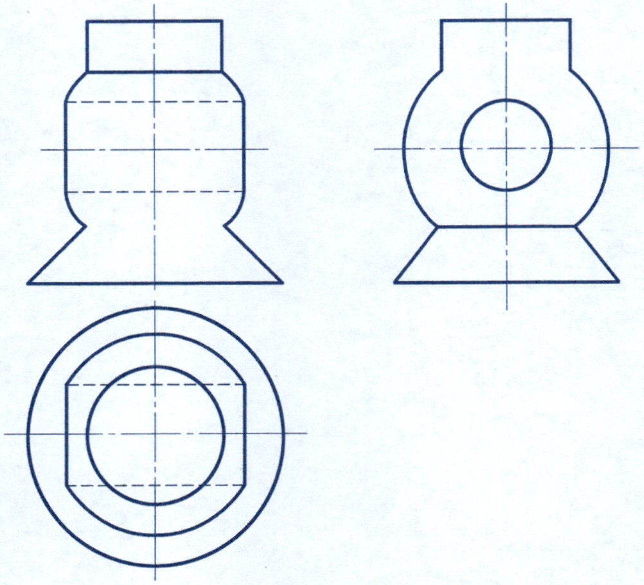

| 5-9 求同坡屋面的交线 | 班级 | | 姓名 | | 学号 | | 页次 | 27 |
|---|---|---|---|---|---|---|---|---|

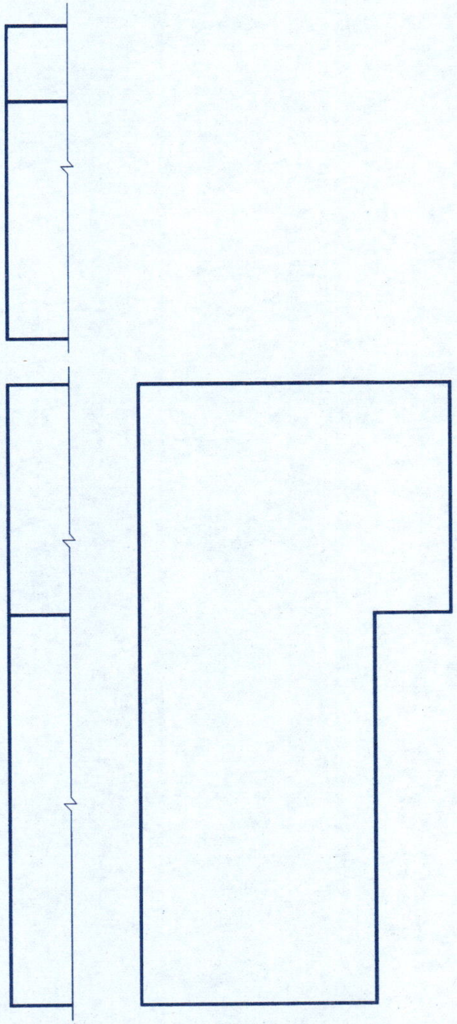

1.

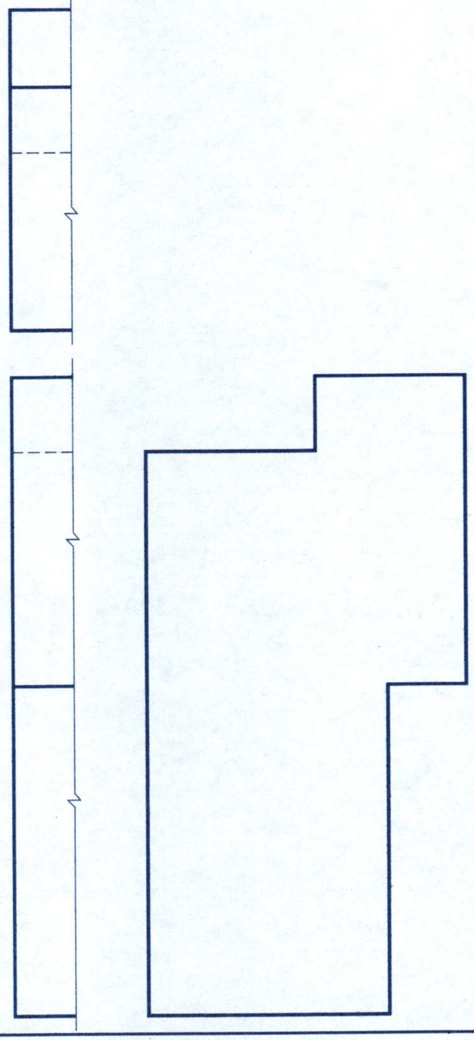

2.

| 5-10　求截断圆柱的展开图 | 班级 | | 姓名 | | 学号 | | 页次 | 28 |
|---|---|---|---|---|---|---|---|---|

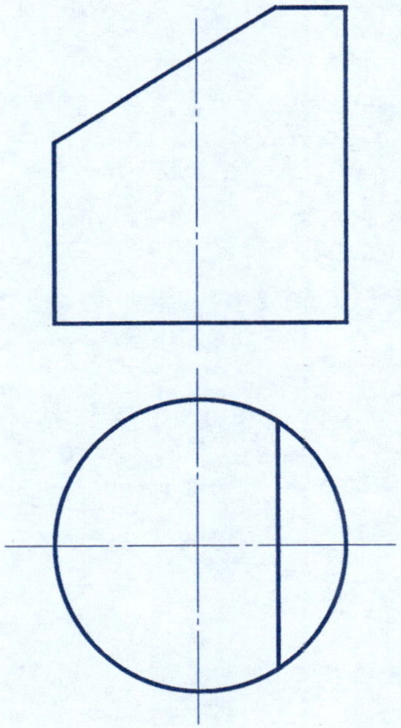

| 6-1　轴测图(根据视图画出正等测图) | 班级 | | 姓名 | | 学号 | | 页次 | 29 |
|---|---|---|---|---|---|---|---|---|

1.

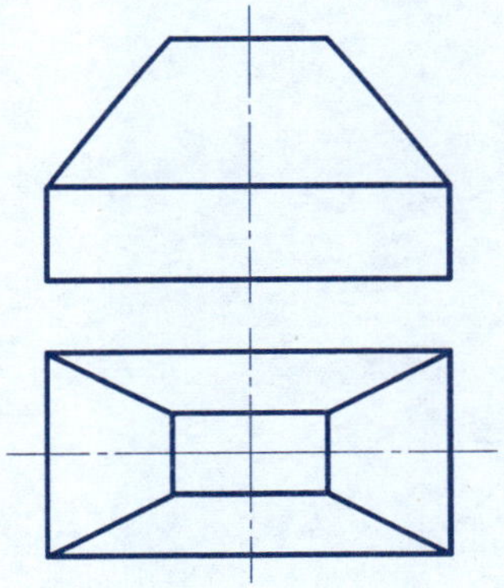

2.

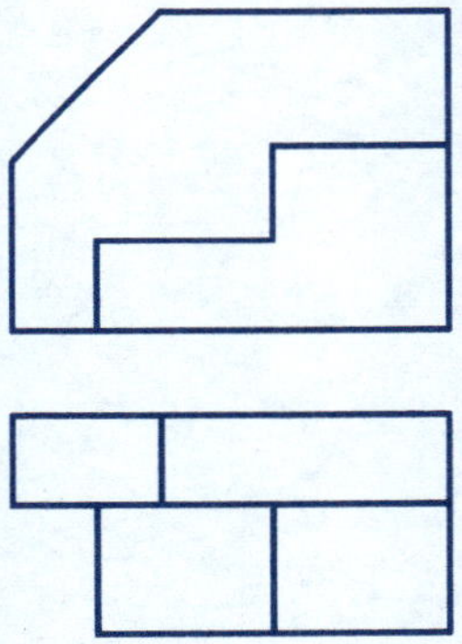

3.

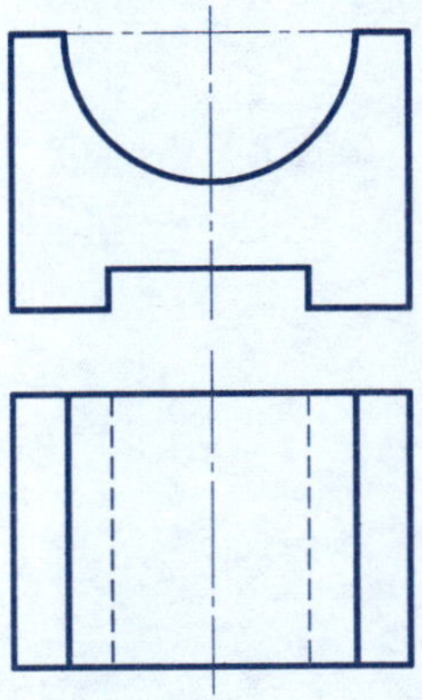

4.

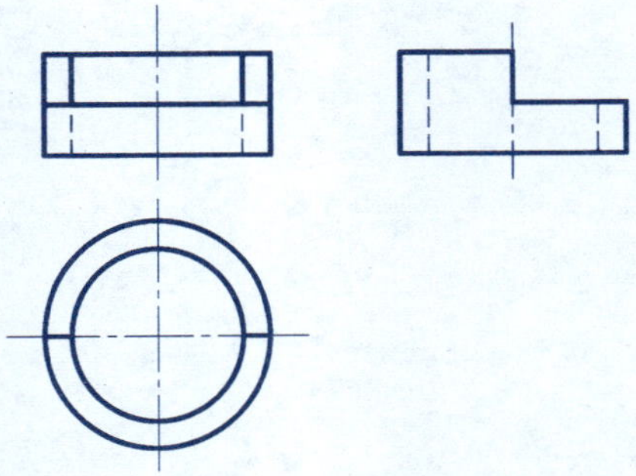

| 6-2 轴测图(根据视图画出斜二测图) | 班级 | | 姓名 | | 学号 | | 页次 | 30 |
|---|---|---|---|---|---|---|---|---|

1.

2.

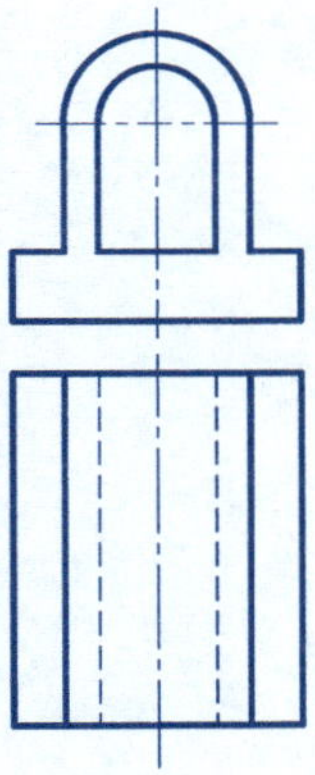

3.

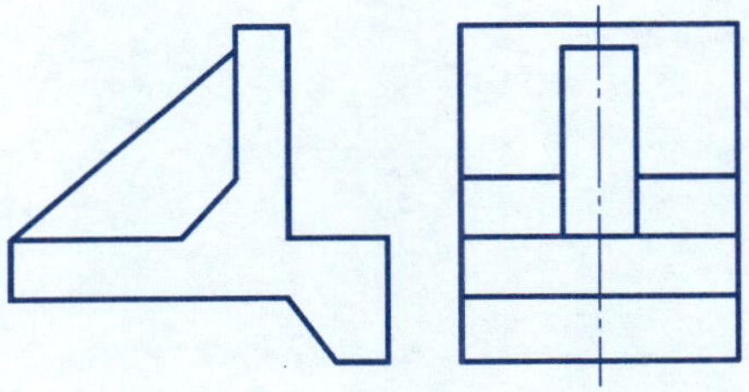

4.

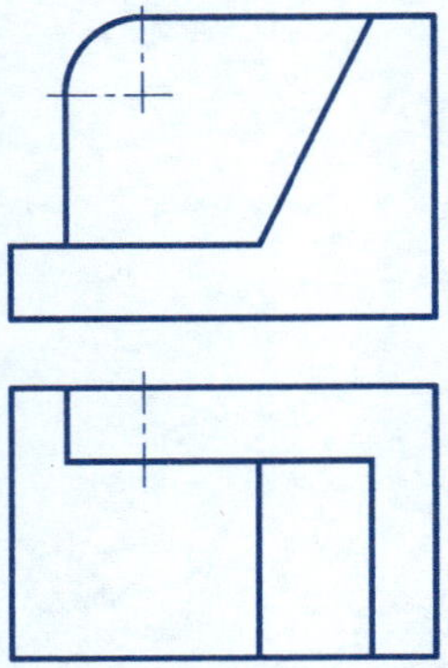

| 7-1 组合体(根据轴测图画三视图) | 班级 | | 姓名 | | 学号 | | 页次 | 31 |
|---|---|---|---|---|---|---|---|---|

1. 根据轴测图和已知两视图，画出俯视图。

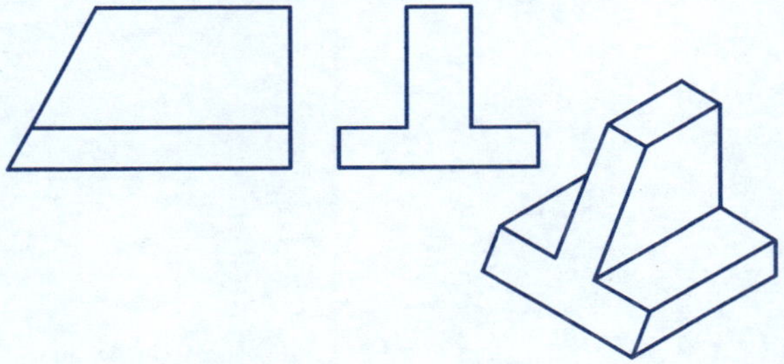

2. 根据轴测图和已知两视图，画出主视图。

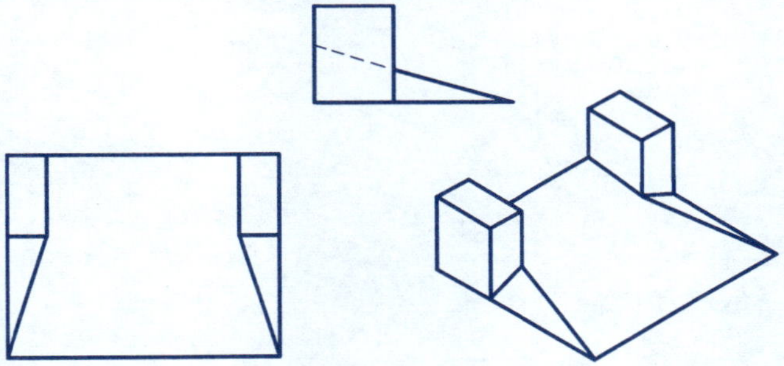

3. 根据下列轴测图，画出三视图，并标注尺寸。

(1)

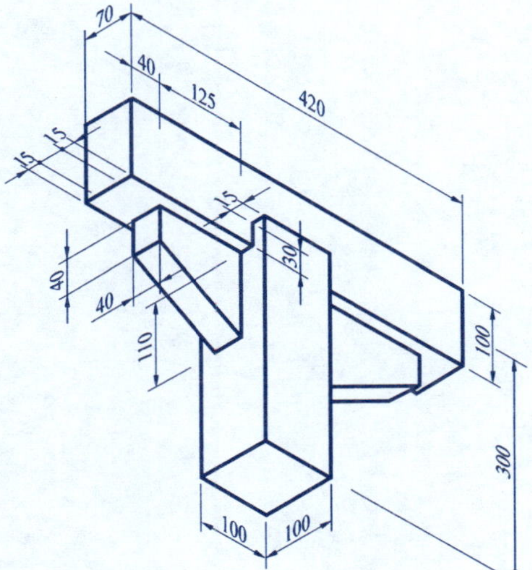


(2)

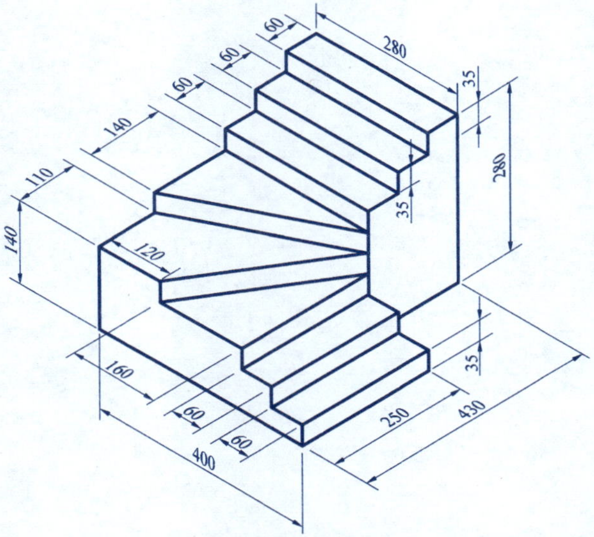

| 7-2 组合体读图(补绘第三投影) | 班级 | | 姓名 | | 学号 | | 页次 | 32 |
|---|---|---|---|---|---|---|---|---|

1.

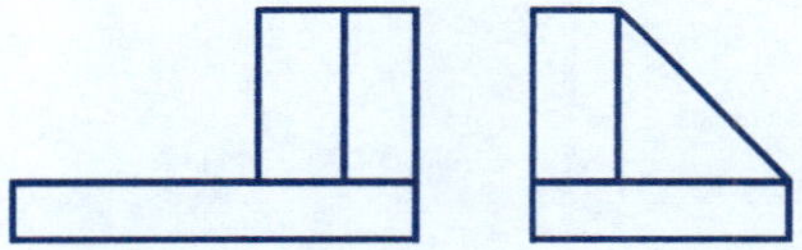

2.

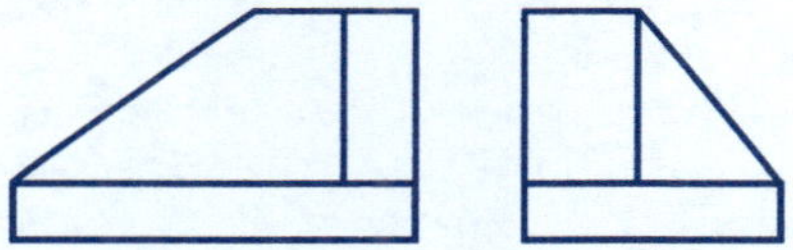

3.

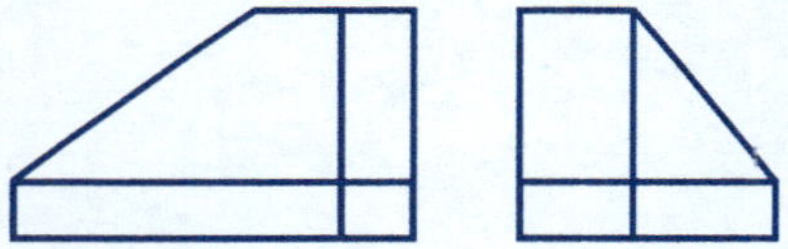

4.

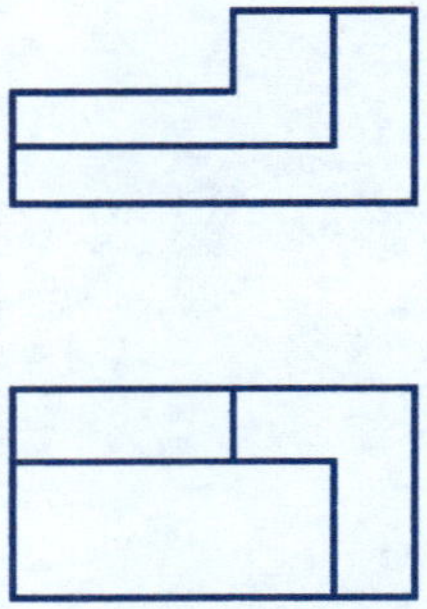

5.

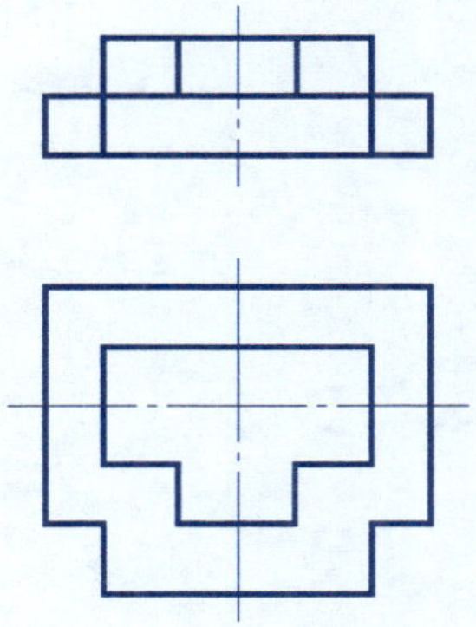

6.

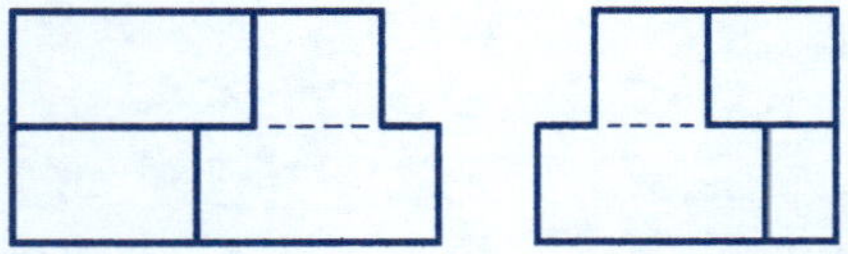

| 7-3　组合体读图(补绘视图中缺线) | 班级 | | 姓名 | | 学号 | | 页次 | 33 |
|---|---|---|---|---|---|---|---|---|

1.

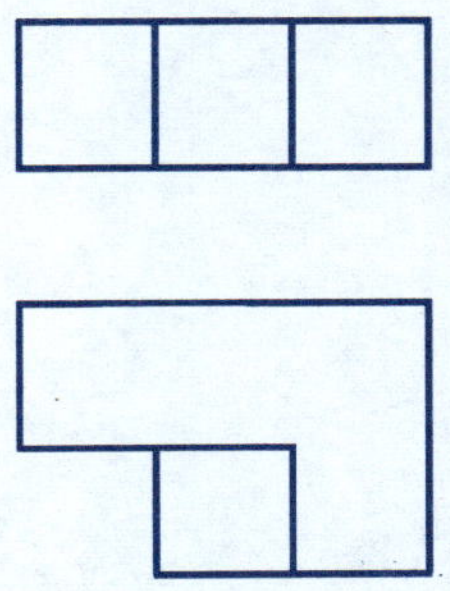

2.

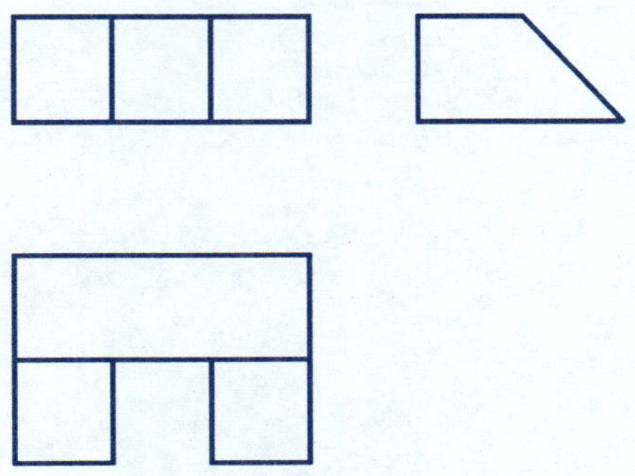

3.

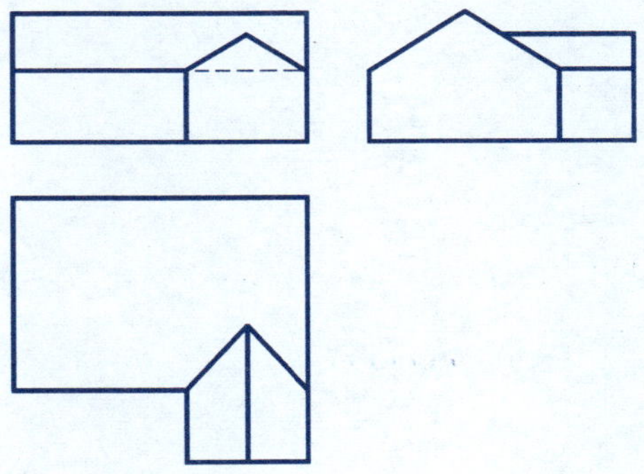

4.

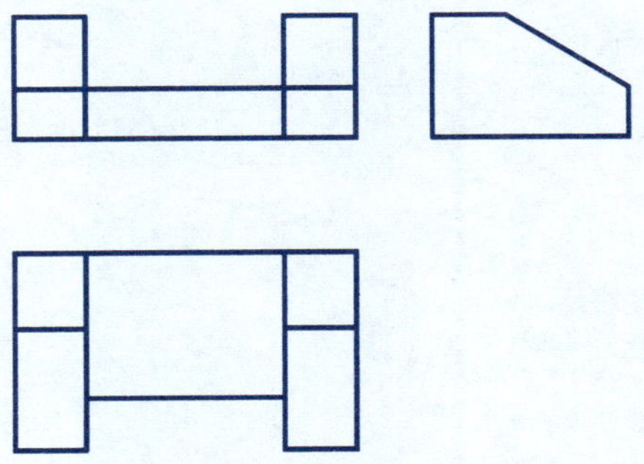

5.

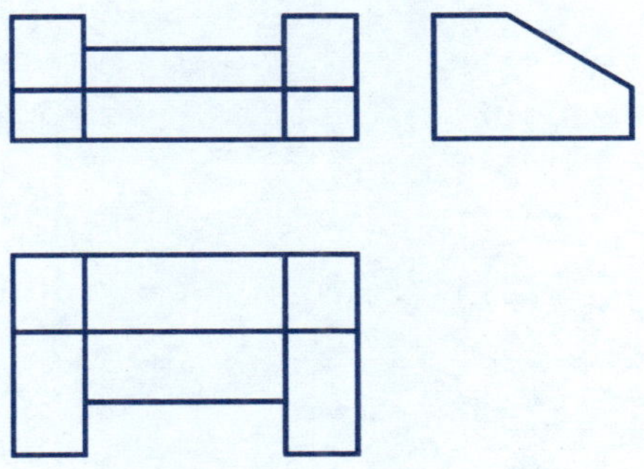

6.

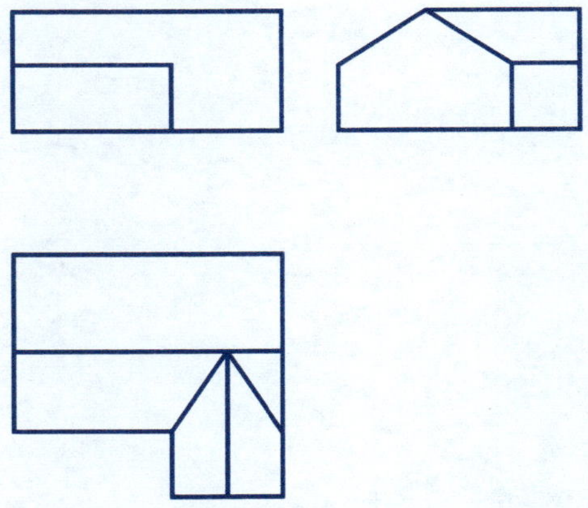

| 7-4 组合体读图(补绘第三投影) | 班级 | | 姓名 | | 学号 | | 页次 | 34 |
|---|---|---|---|---|---|---|---|---|

1.

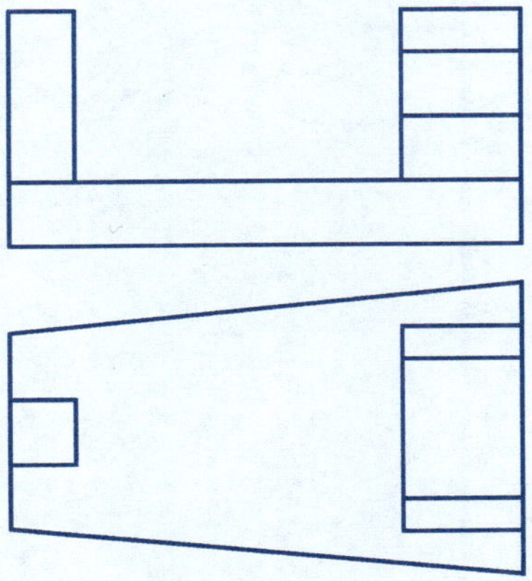

2.

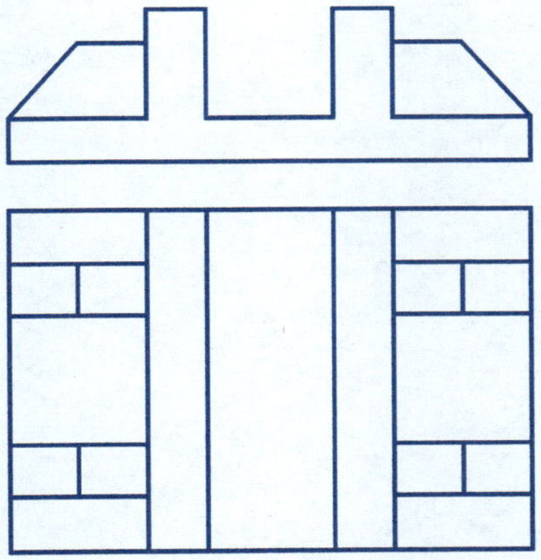

3.

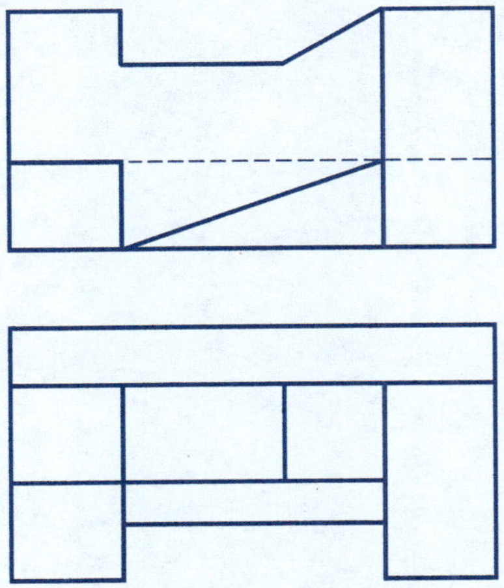

4.

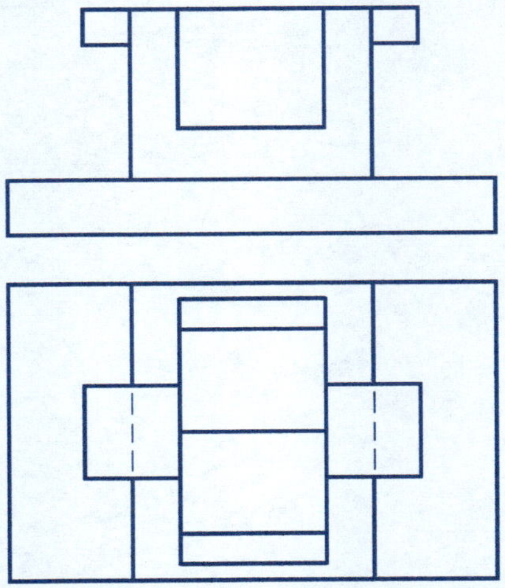

| 7-5 组合体读图(补绘第三投影) | 班级 | | 姓名 | | 学号 | | 页次 | 35 |
|---|---|---|---|---|---|---|---|---|

1.

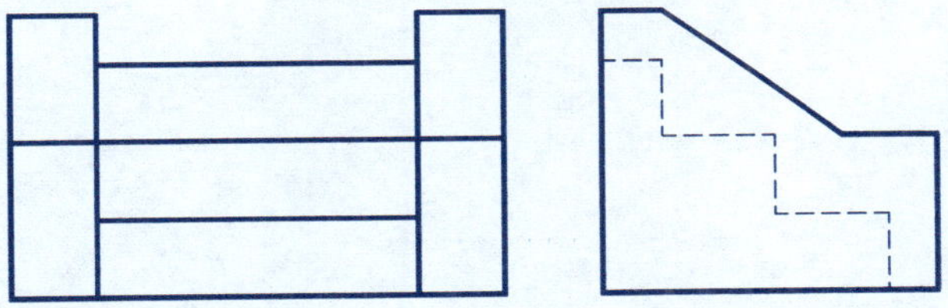

2.

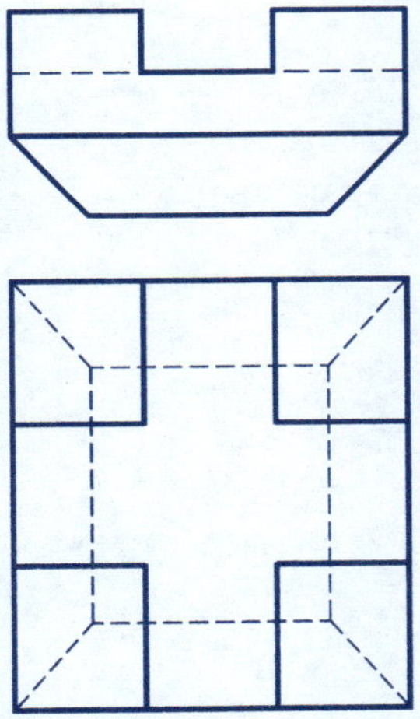

3.

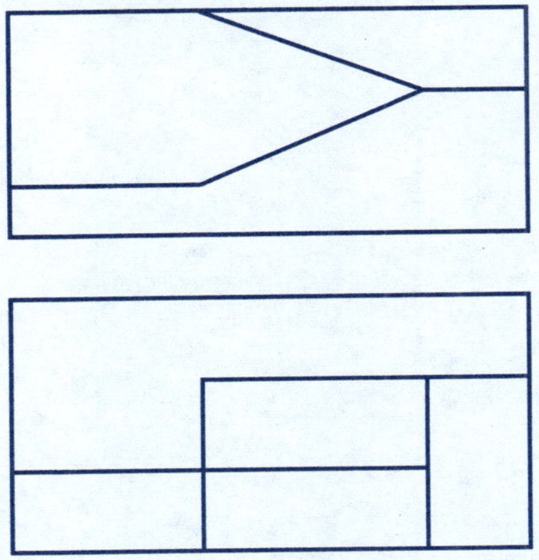

4.

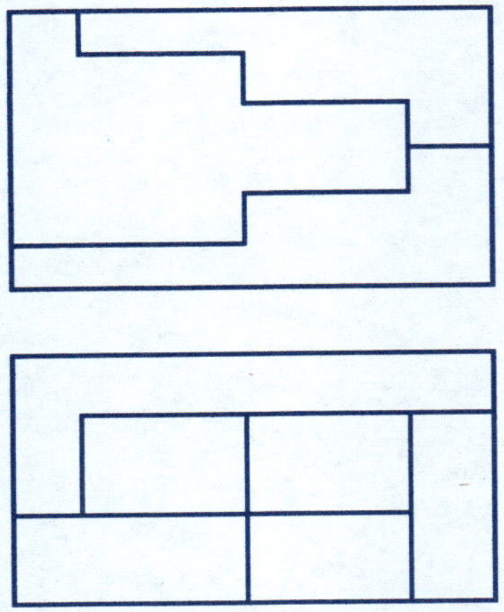

| 8-1　基本视图与辅助视图 | 班级 | | 姓名 | | 学号 | | 页次 | 36 |
| --- | --- | --- | --- | --- | --- | --- | --- | --- |

1. 根据两视图与轴测图完成物体的六面基本视图。

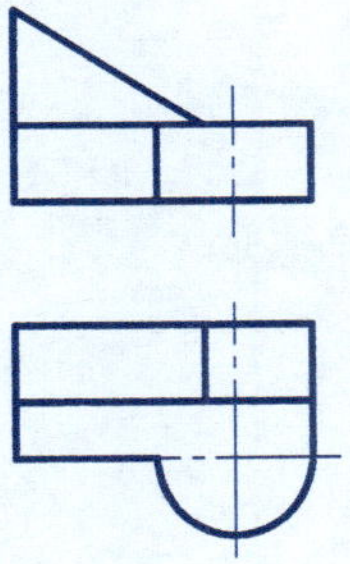

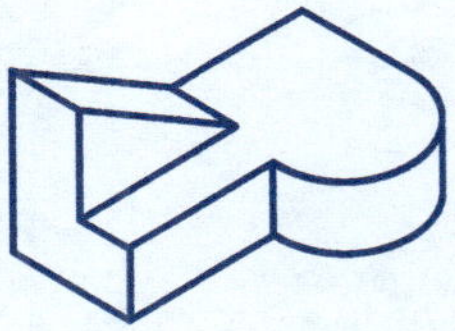

2. 根据主视图并参考轴测图中的尺寸，画出 *A* 向斜视图及 *B* 向局部视图。

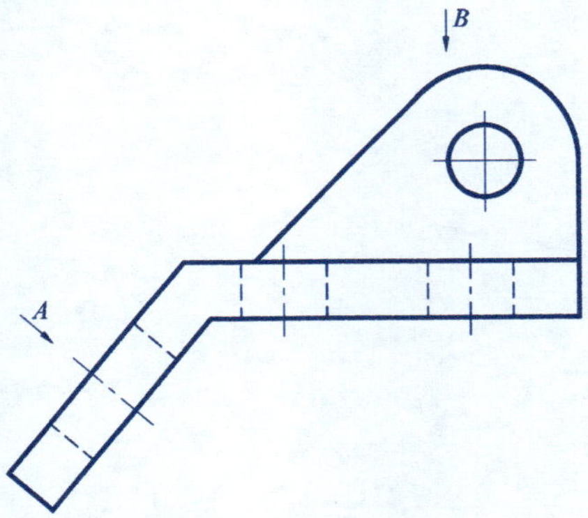


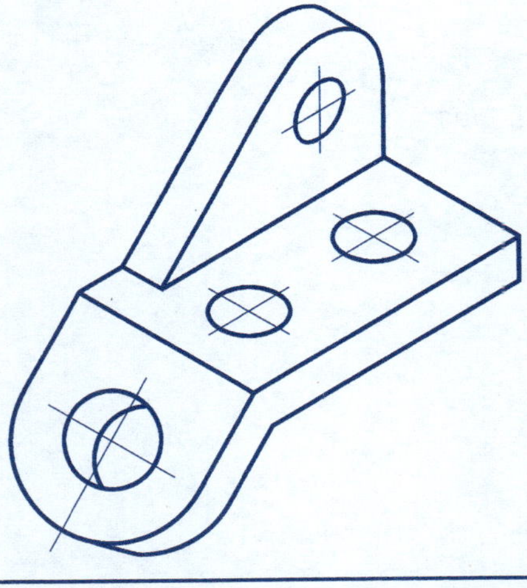

| 8-2 补画剖视图中漏线 | 班级 | | 姓名 | | 学号 | | 页次 | 37 |
|---|---|---|---|---|---|---|---|---|

1.

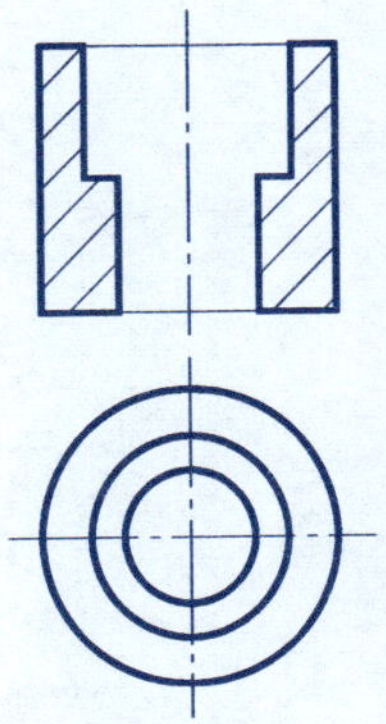

2.

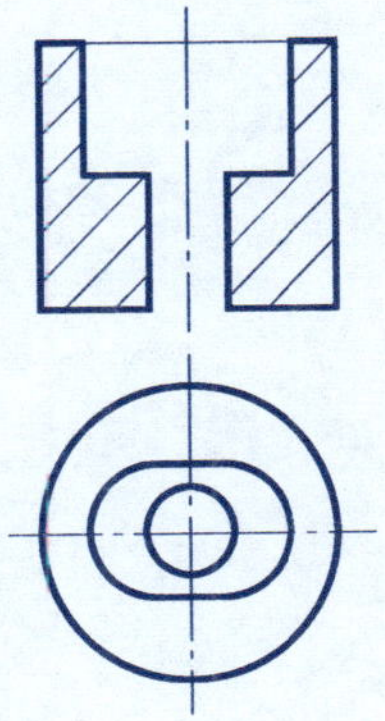

3.

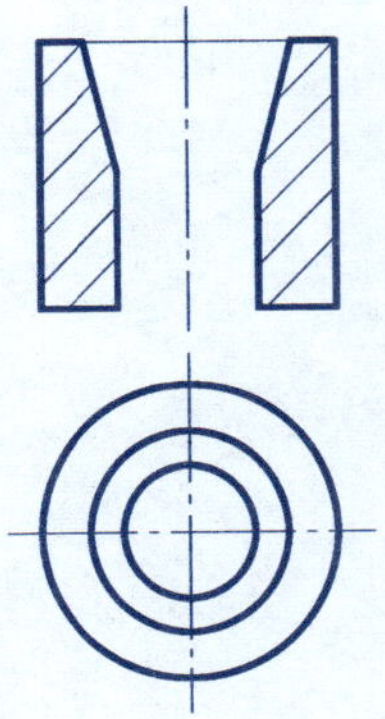

4.

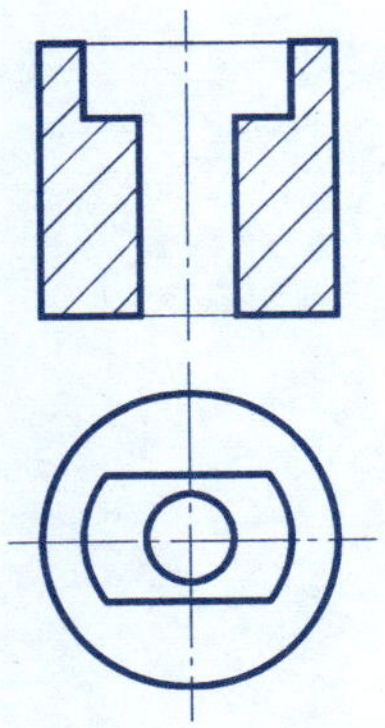

5.

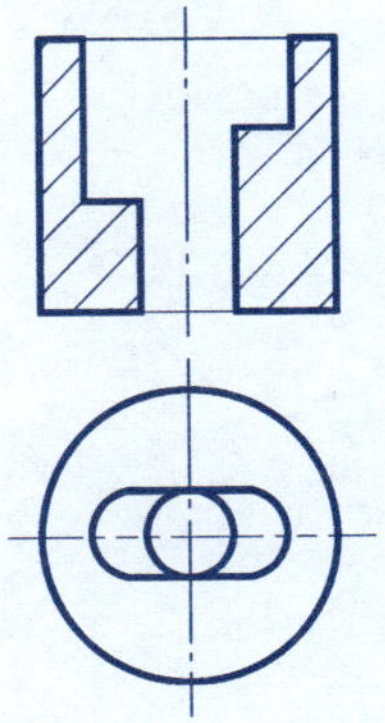

6.

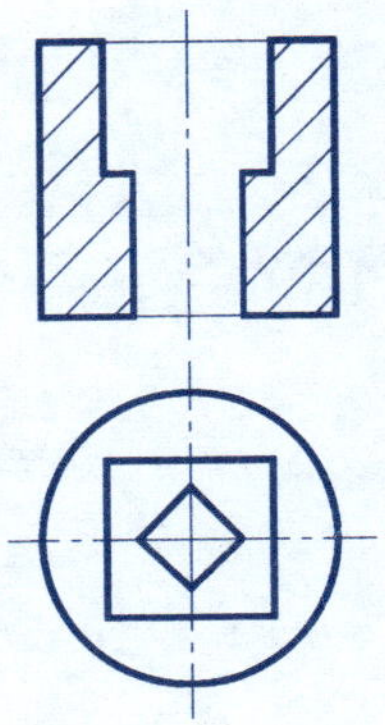

7.

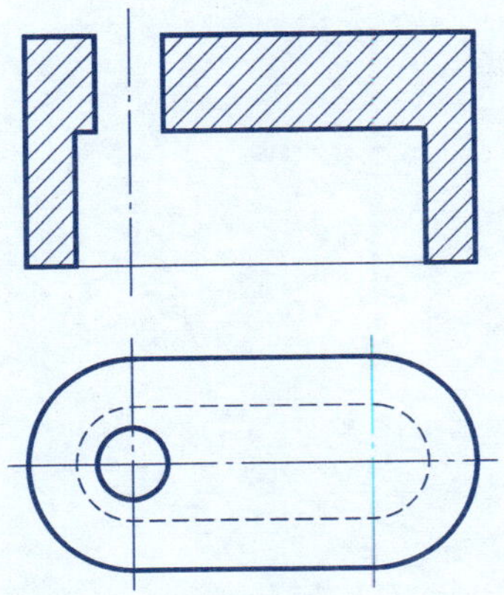

8.

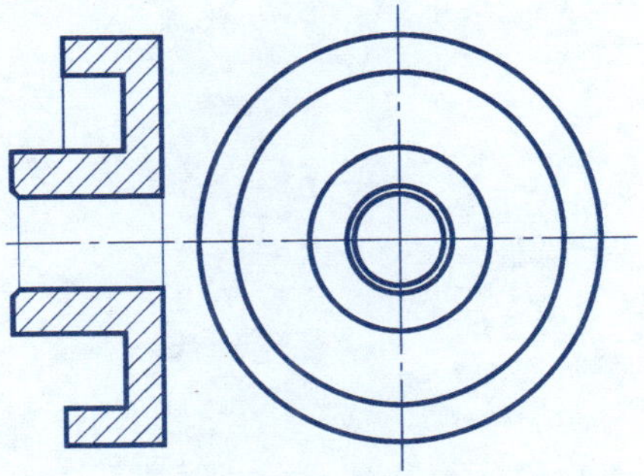

9.

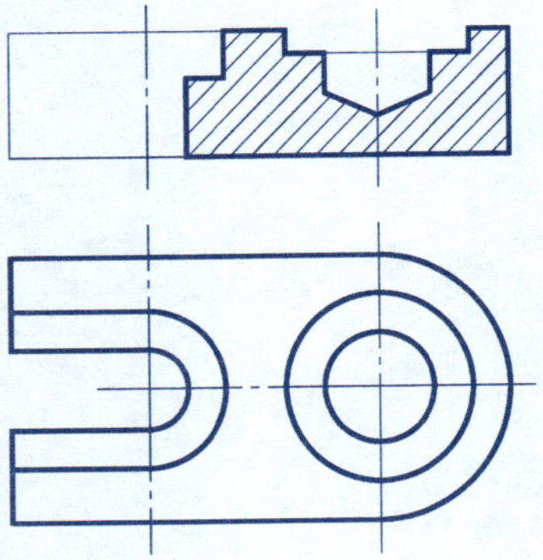

| 8-3 全剖视图 | 班级 | | 姓名 | | 学号 | | 页次 | 38 |
|---|---|---|---|---|---|---|---|---|

1．将主视图改为全剖视图。

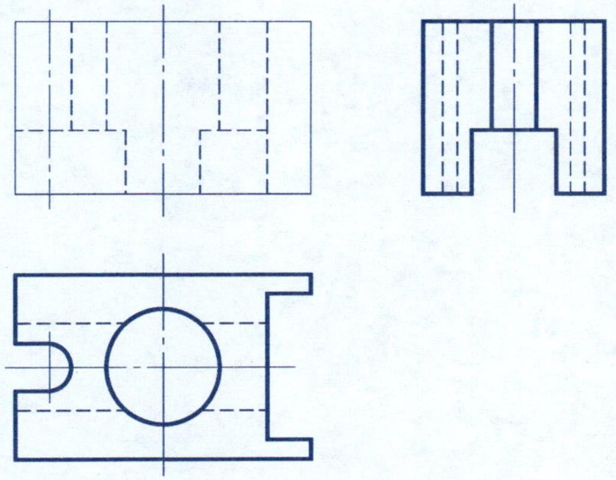

2．将主视图改为全剖视图。

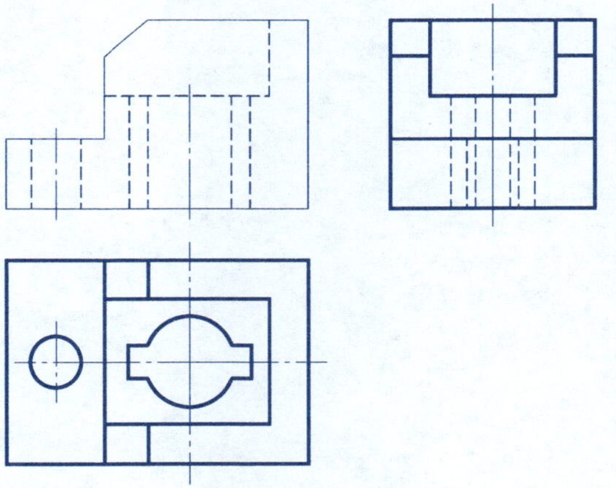

3．将主视图改为全剖视图。

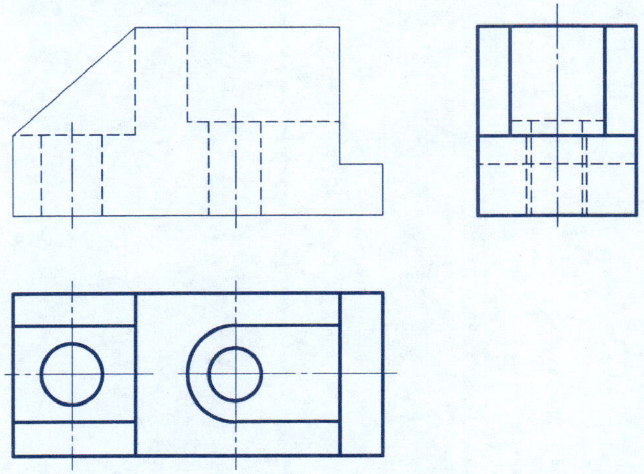

4．求作全剖左视图。

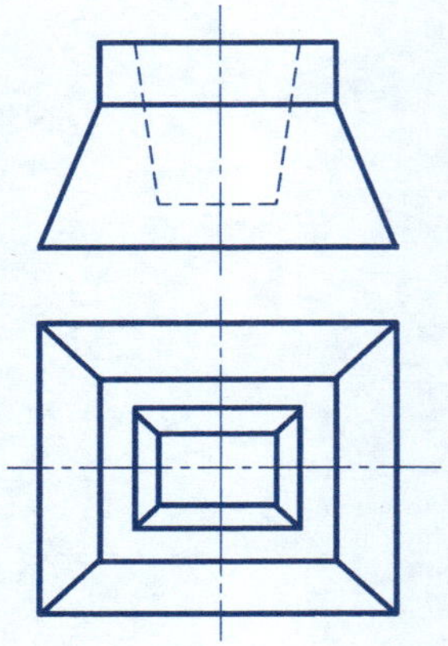

| 8-4 用几个平行剖切平面剖切物体(阶梯剖) | 班级 | | 姓名 | | 学号 | | 页次 | 39 |
|---|---|---|---|---|---|---|---|---|

1．用几个平行剖切平面剖切物体，画出全剖视图并标注。

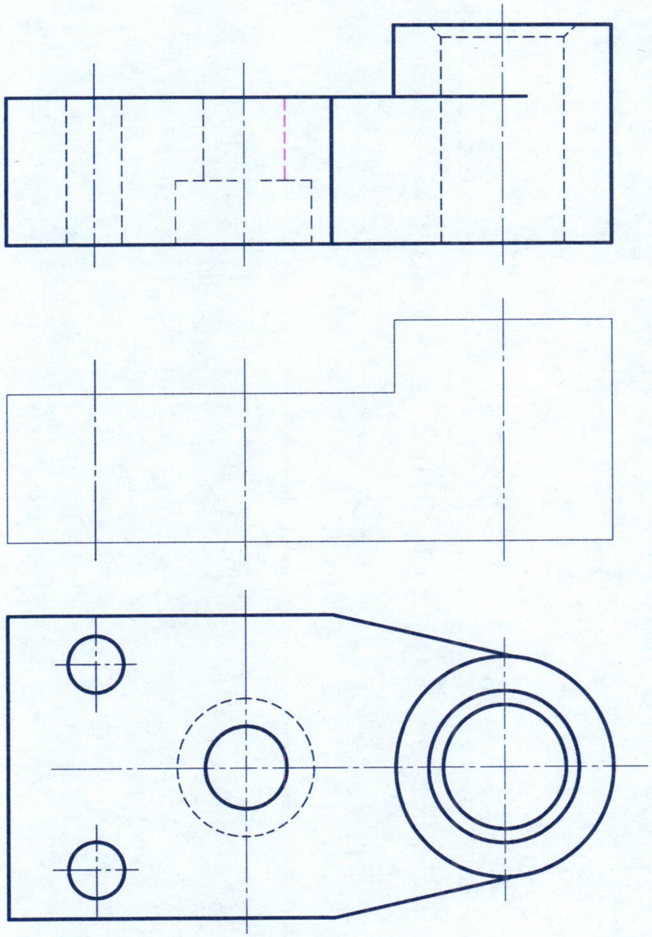

2．用几个平行剖切平面剖切物体，画出全剖视图并标注。

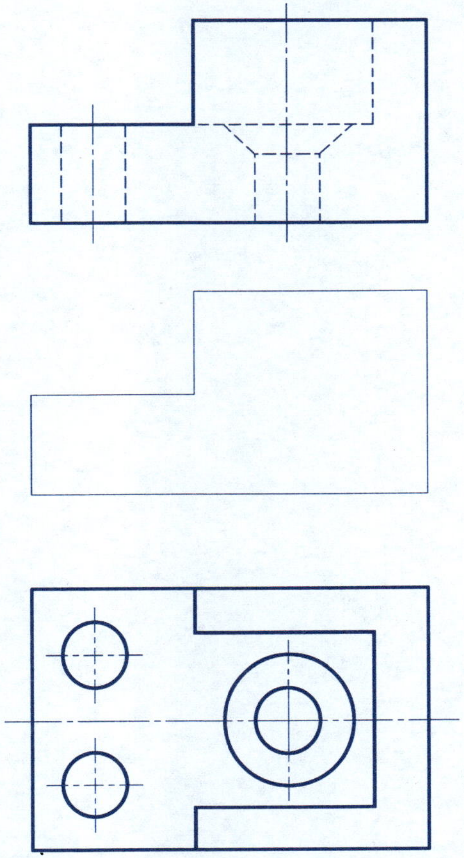

| | | | | | | | | |
|---|---|---|---|---|---|---|---|---|
| 8-5 用两个相交剖切平面剖切物体(旋转剖) | 班级 | | 姓名 | | 学号 | | 页次 | 40 |

1．在指定位置作 A—A 剖视，并补全标注。

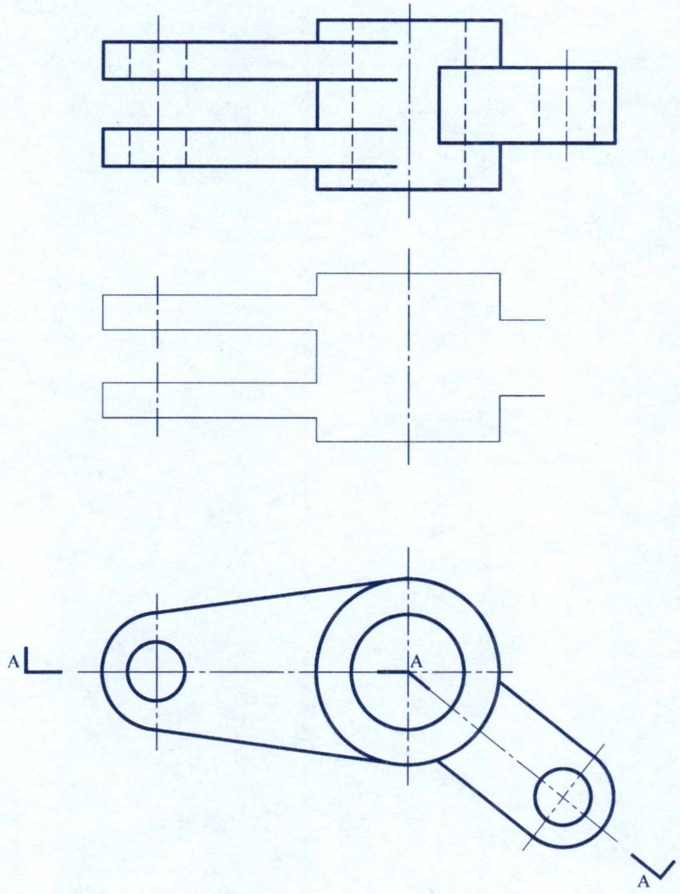


2．在指定位置作 1—1 剖视，并补全标注。

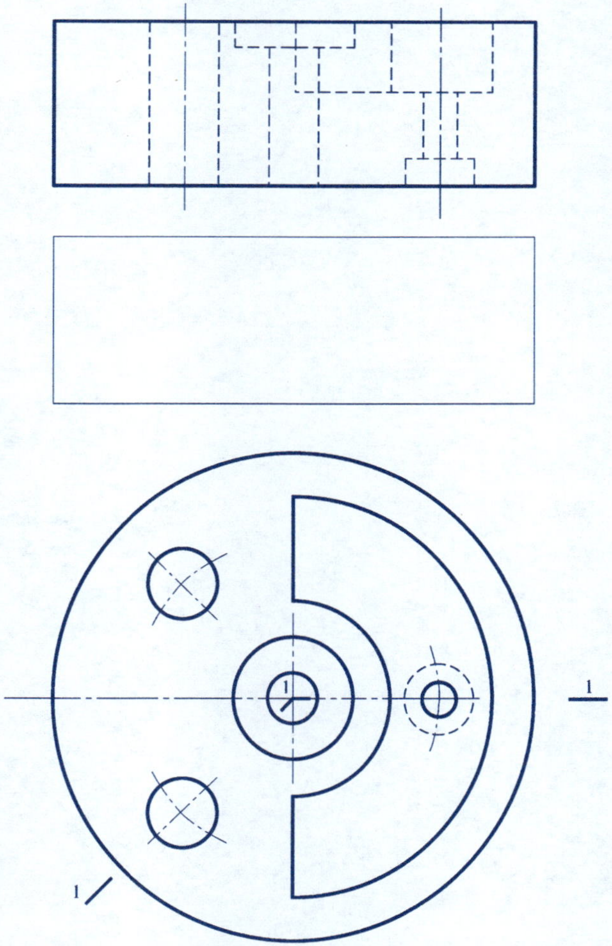

| 8-6　半剖视图与局部剖视图 | 班级 | | 姓名 | | 学号 | | 页次 41 |
| --- | --- | --- | --- | --- | --- | --- | --- |

1．把主视图改为半剖视图，画在指定位置。

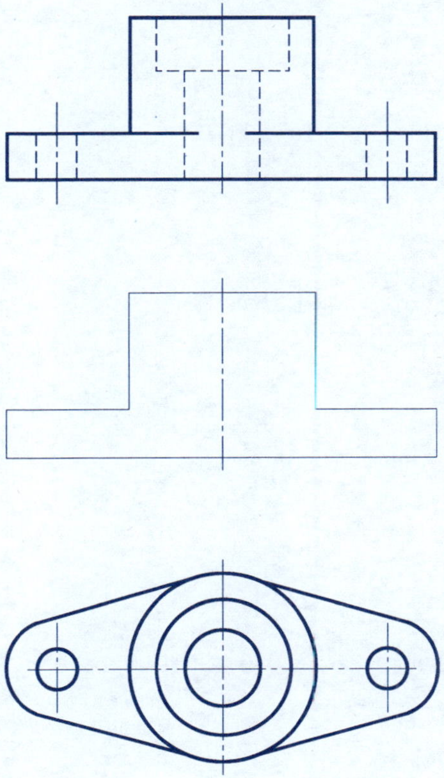

2．把主视图改为半剖视图，画在指定位置。

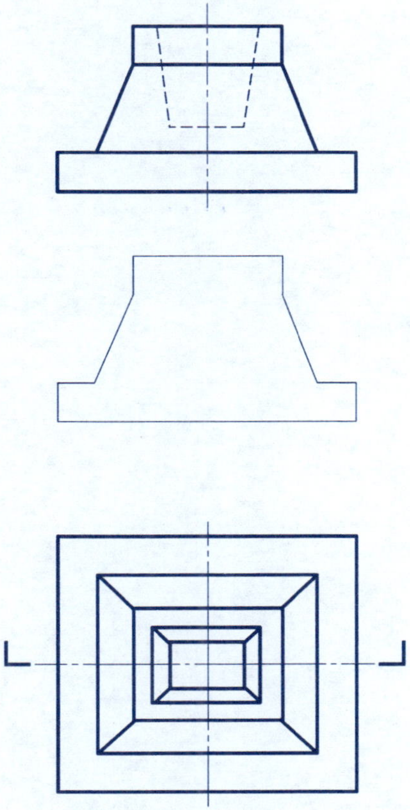

3．把主视图改为局部剖视图，画在指定位置。

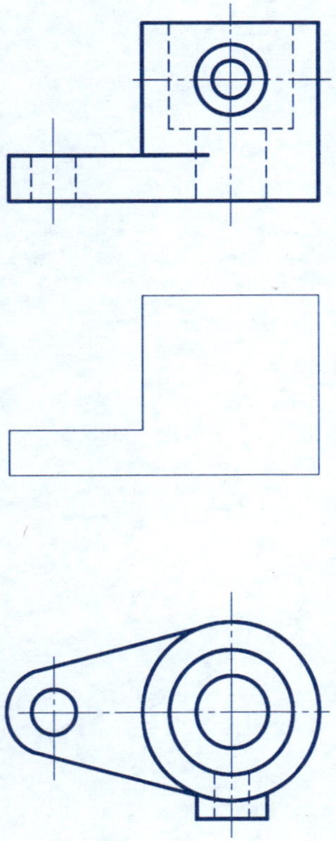

| 8-7 剖视图与断面图选择题 | 班级 | | 姓名 | | 学号 | | 页次 | 42 |
| --- | --- | --- | --- | --- | --- | --- | --- | --- |

1．选择正确的断面图，正确的为(　)。

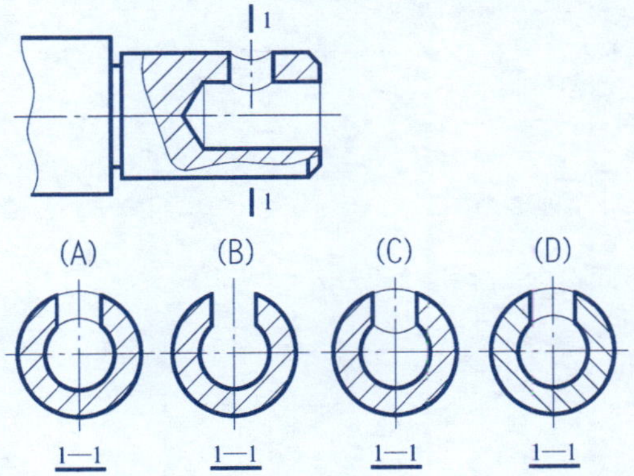


2．选择正确的断面图，正确的为(　)。

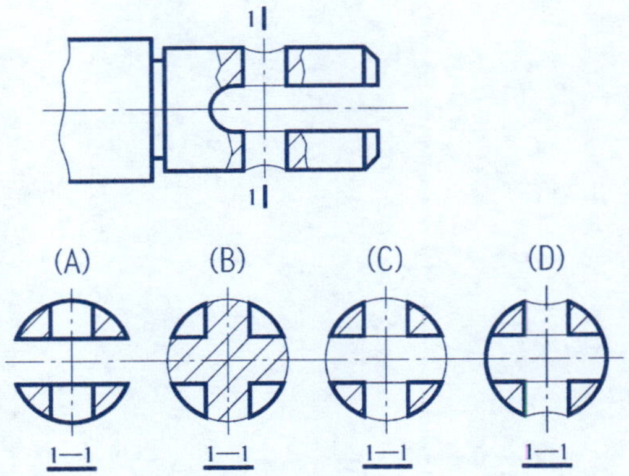


3．根据给定的俯视图选择正确的剖视图，正确的为(　)。

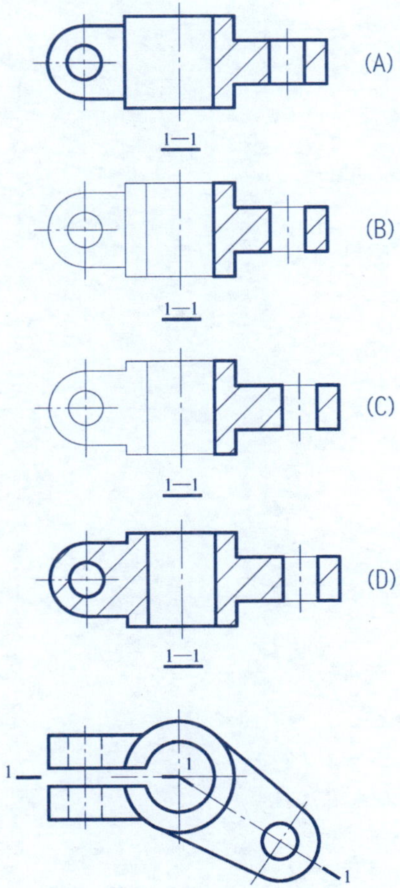


4．判断下面四个断面图的画法是否正确，正确的为(　)。

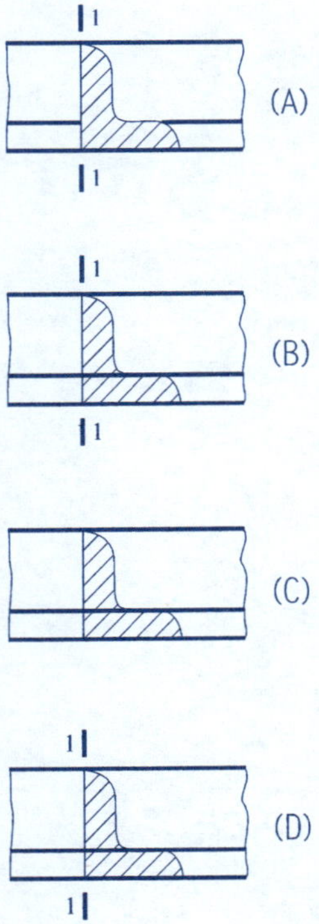

| 8-8 断面图 | 班级 | | 姓名 | | 学号 | | 页次 | 43 |
|---|---|---|---|---|---|---|---|---|

1．作指定位置的移出断面图。

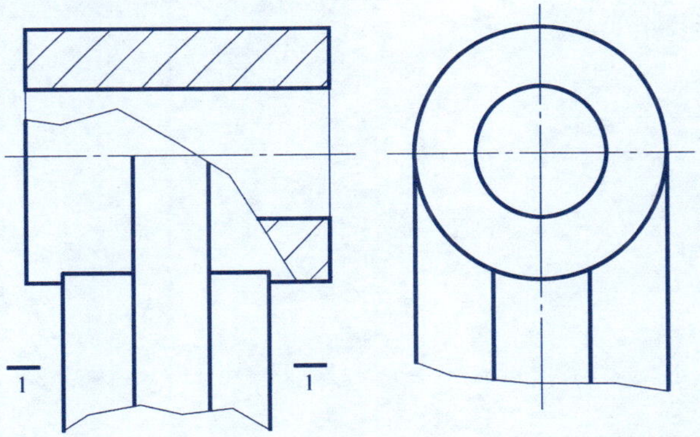


1—1

2．作指定位置的移出断面图。

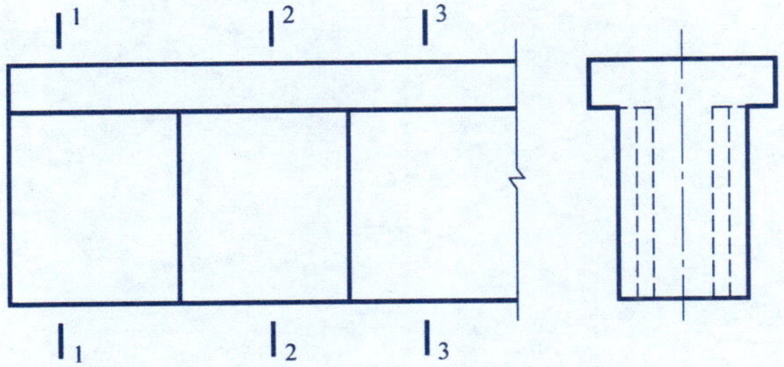


1—1

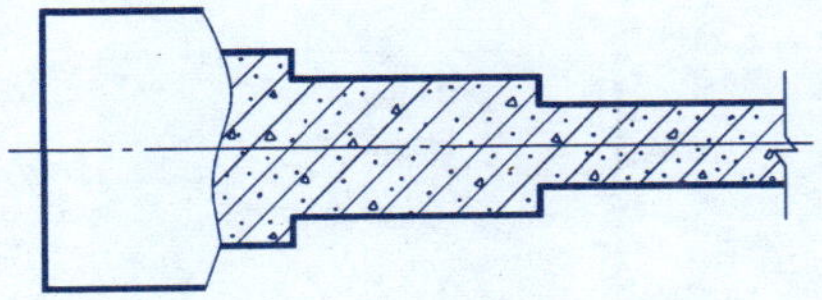

2—2

3—3

3．作指定位置的移出断面图。

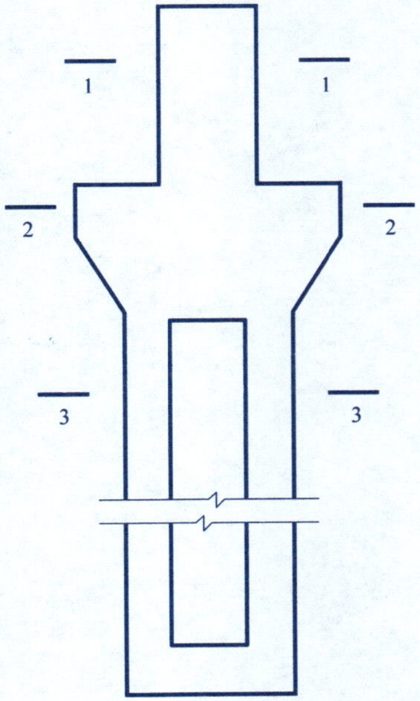


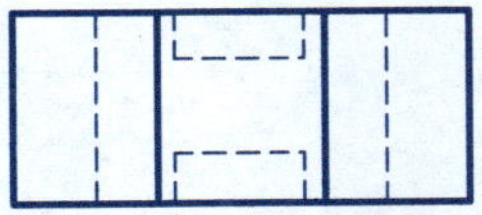

| 9-1 建筑施工图 | 班级 | | 姓名 | | 学号 | | 页次 | 44 |
|---|---|---|---|---|---|---|---|---|

作业：抄绘底层平面图，A3 幅面，比例 1：100。

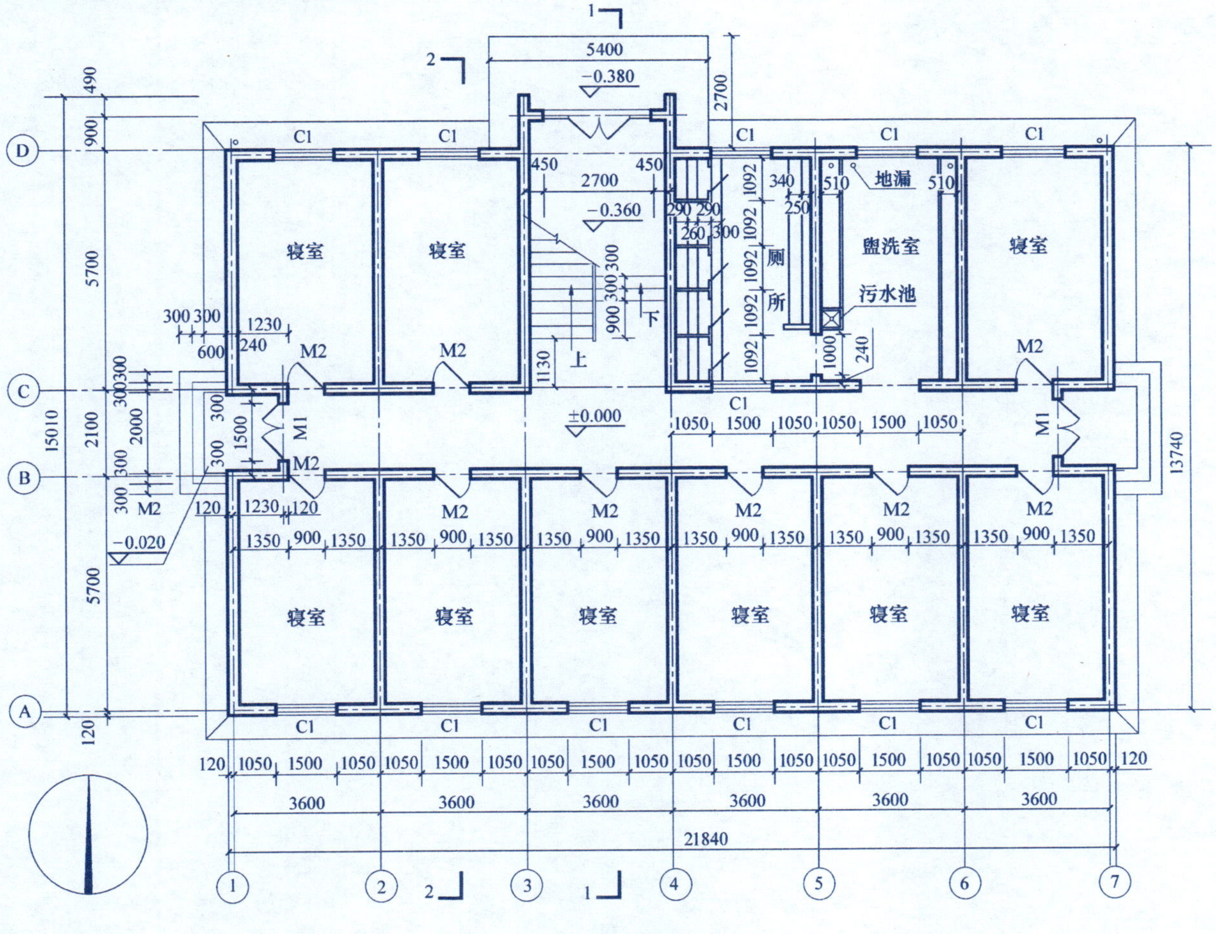


底层平面图 1:100

| 9-2　建筑施工图 | 班级 | | 姓名 | | 学号 | | 页次 | 45 |
|---|---|---|---|---|---|---|---|---|

作业：在教师指导下绘制标准层平面图，A3 幅面，比例 1：100。

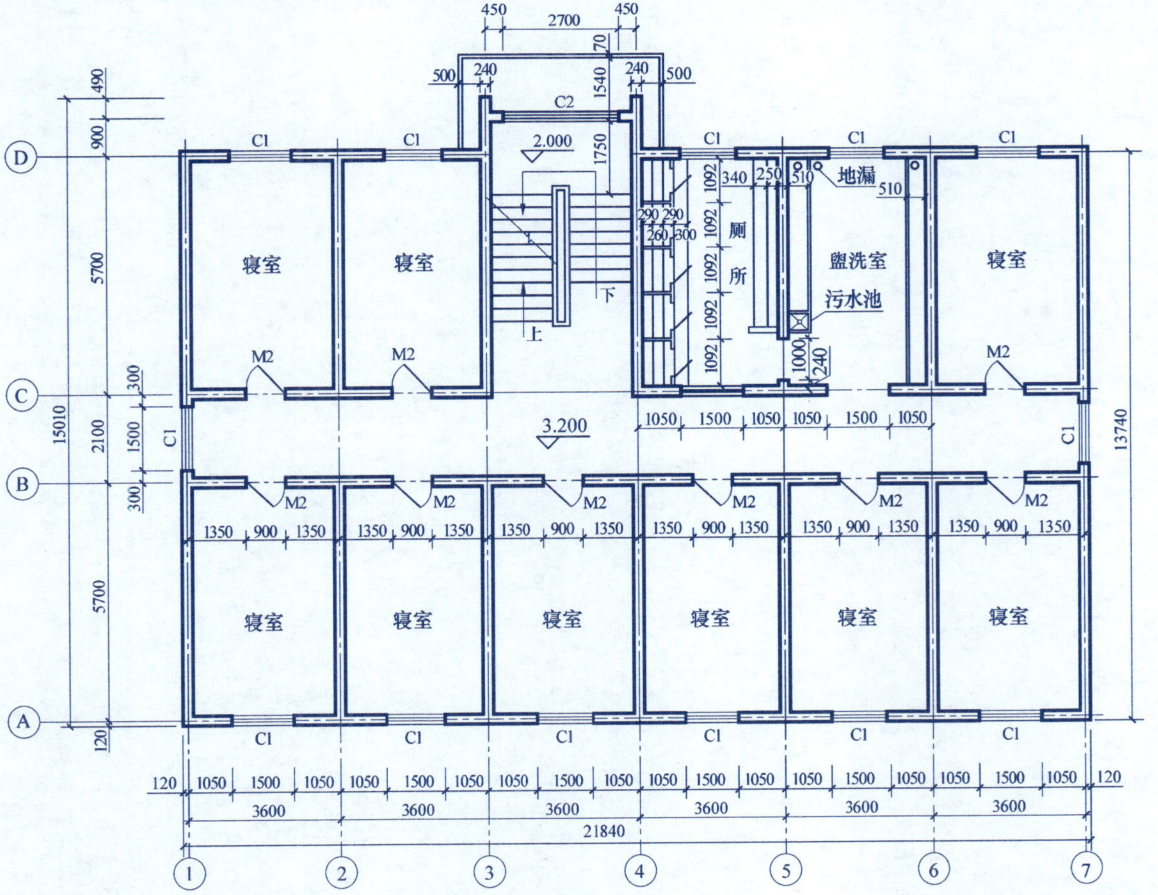


二层平面图 1:100

| 9-3 建筑施工图 | 班级 | | 姓名 | | 学号 | | 页次 | 46 |
|---|---|---|---|---|---|---|---|---|

作业：抄绘⑦-①立面图，A3幅画，比例 1：100。

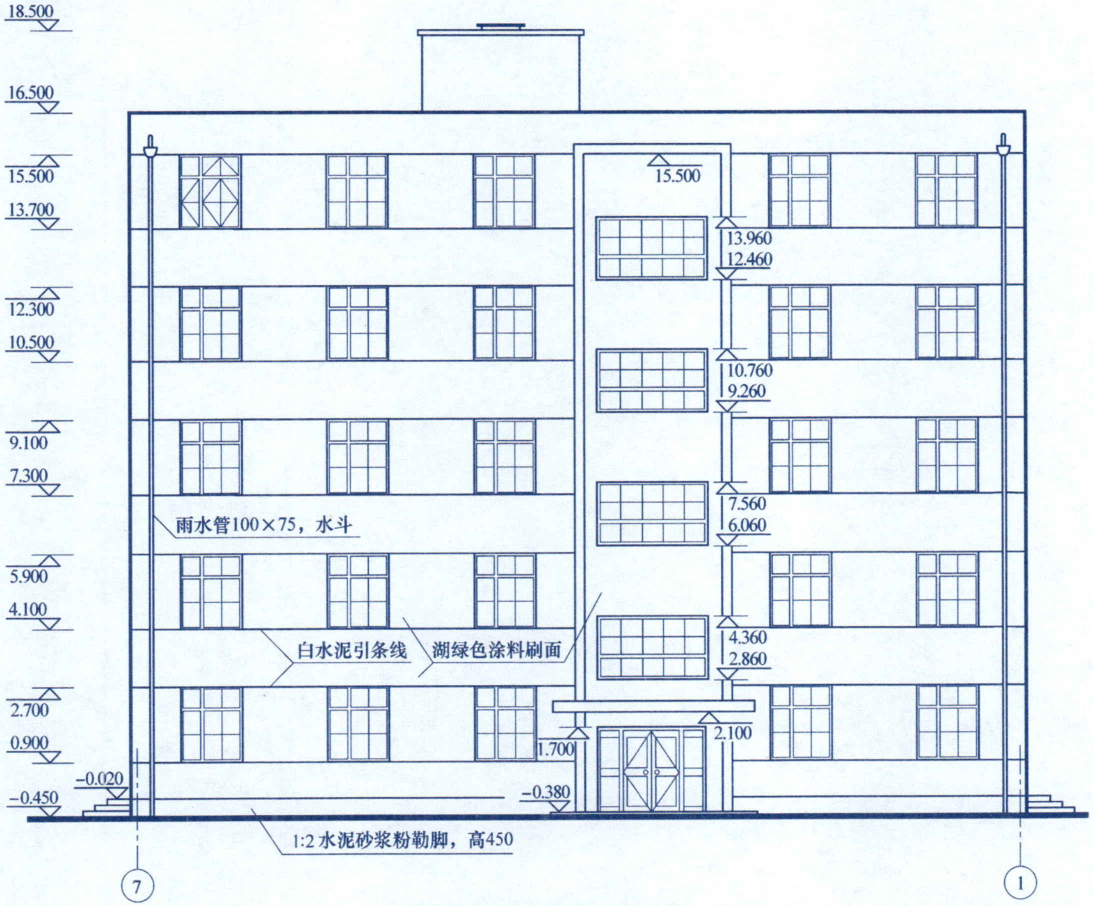


⑦-①立面图1:100

| 9-4 建筑施工图 | 班级 | | 姓名 | | 学号 | | 页次 | 47 |
|---|---|---|---|---|---|---|---|---|

作业：参考Ⓔ－Ⓐ立面图，绘制Ⓐ－Ⓔ立面图，A3幅画，比例1：100。

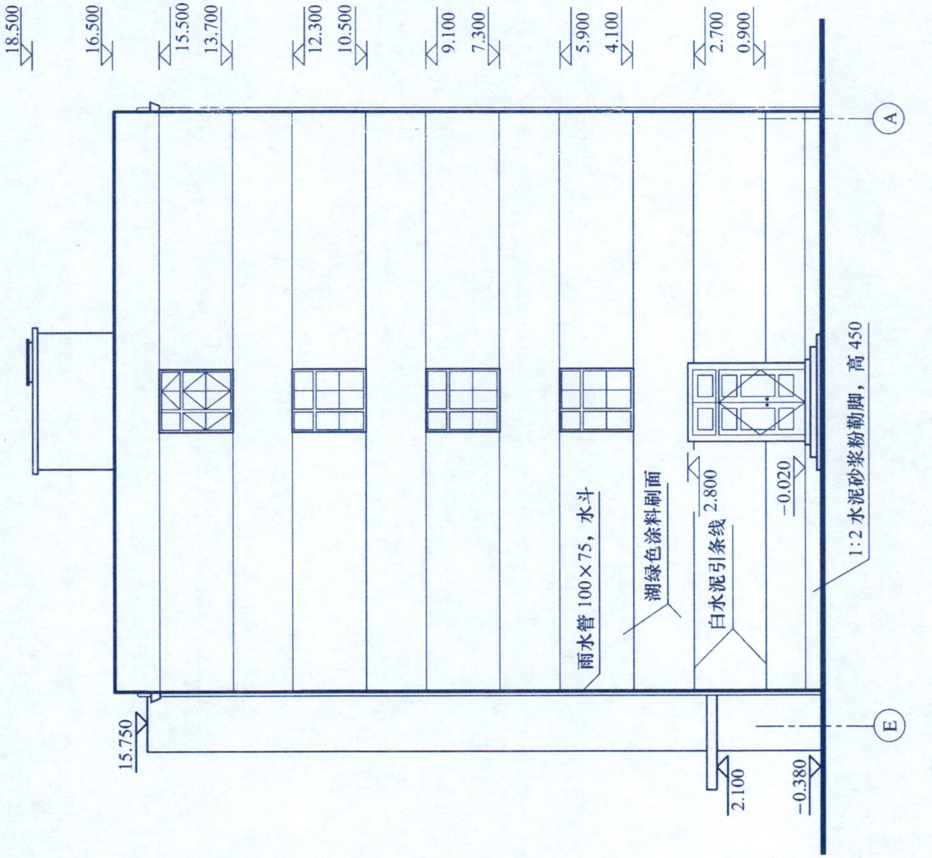


Ⓔ－Ⓐ立面图1:100

| 9-5　建筑施工图 | 班级 | | 姓名 | | 学号 | | 页次 | 48 |
|---|---|---|---|---|---|---|---|---|

作业：参考 1—1 剖视图，绘制 2—2 剖视图，A3 幅画，比例 1：100。注：建筑详图参考图见下页。

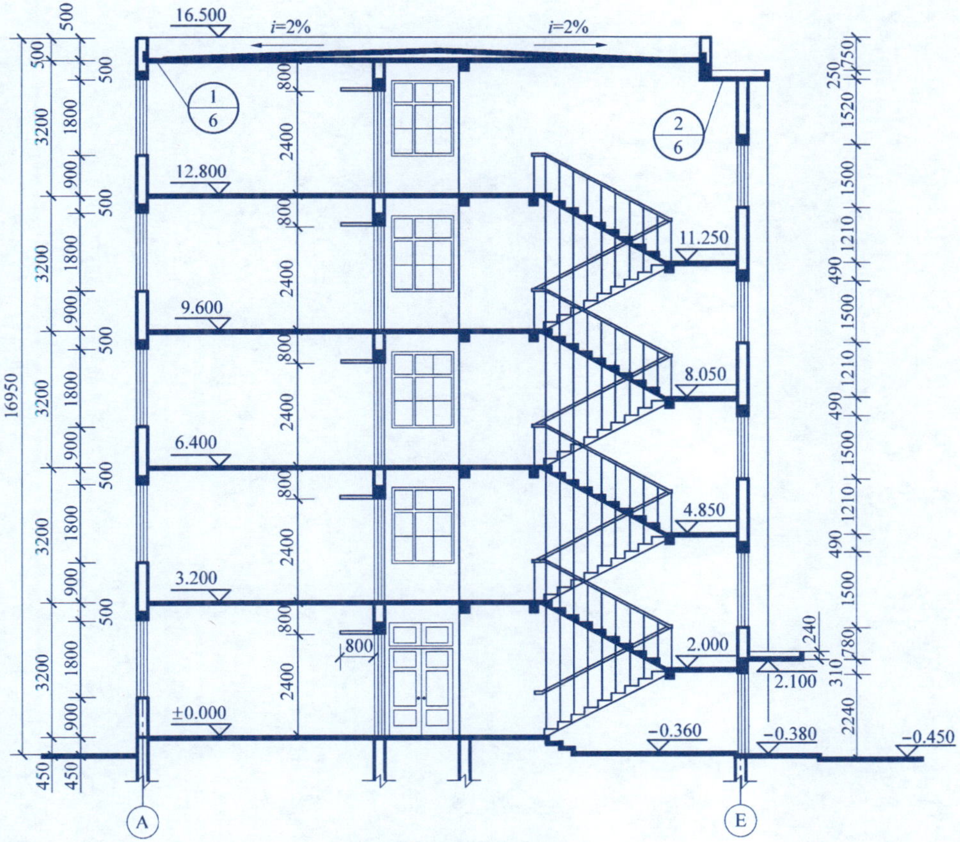


1—1 剖视图 1：100

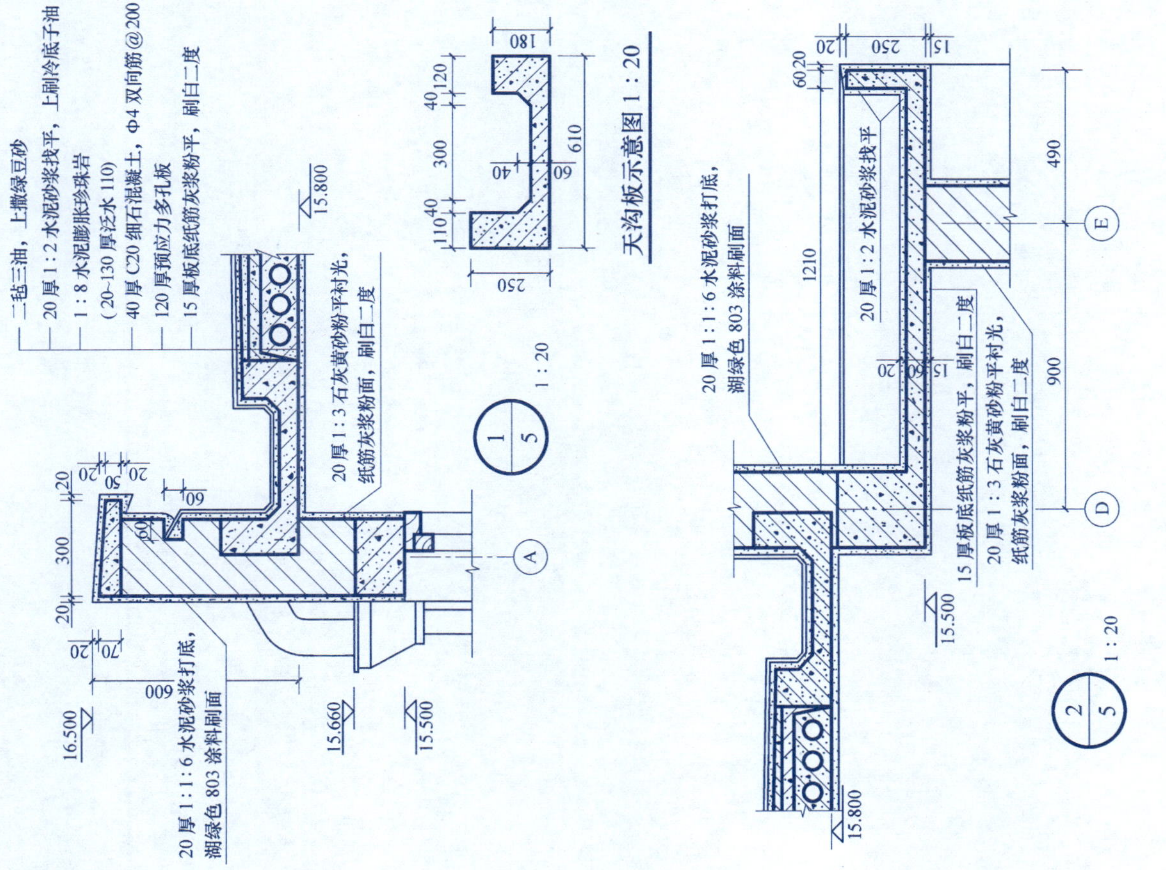
二毡三油，上撒绿豆砂
20厚1:2水泥砂浆找平，上刷冷底子油
1:8水泥膨胀珍珠岩
（20~130厚泛水110）
40厚C20细石混凝土，Φ4双向筋@200
120厚预应力多孔板
15厚板底纸筋灰浆粉平，刷白二度
20厚1:3石灰黄砂粉平衬光，
纸筋灰浆粉面，刷白二度
20厚1:1:6水泥砂浆打底，
湖绿色803涂料刷面
15.800
16.500
15.660
15.500
1:20
天沟板示意图 1:20
20厚1:2水泥砂浆找平
15厚板底纸筋灰浆粉平，刷白二度
1:20

| 10-1 钢筋混凝土结构图 | 班级 | | 姓名 | | 学号 | | 页次 | 50 |
|---|---|---|---|---|---|---|---|---|

识读钢筋混凝土梁的配筋图，并补画 2—2 断面图。

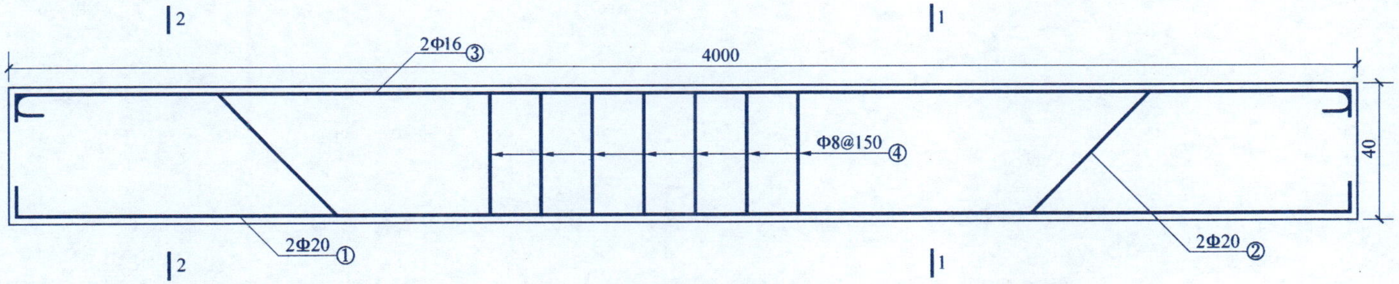


立面图

2—2

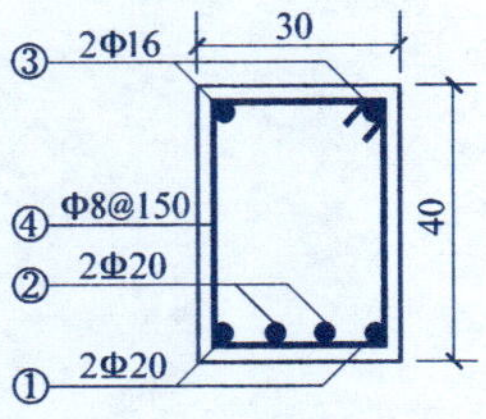


1—1

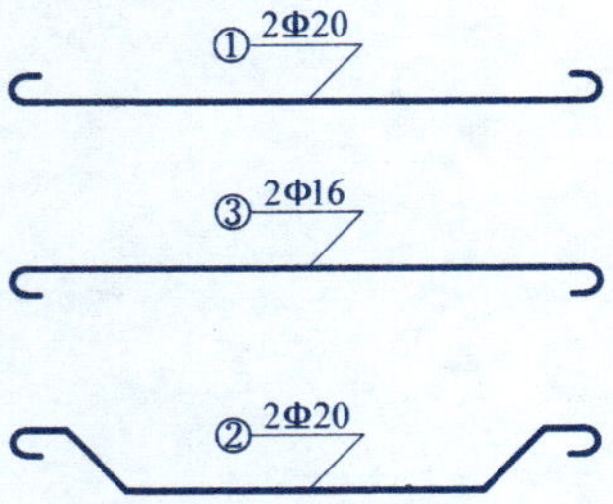

| 10-2 基础平面图和基础详图 | 班级 | | 姓名 | | 学号 | | 页次 | 51 |
|---|---|---|---|---|---|---|---|---|

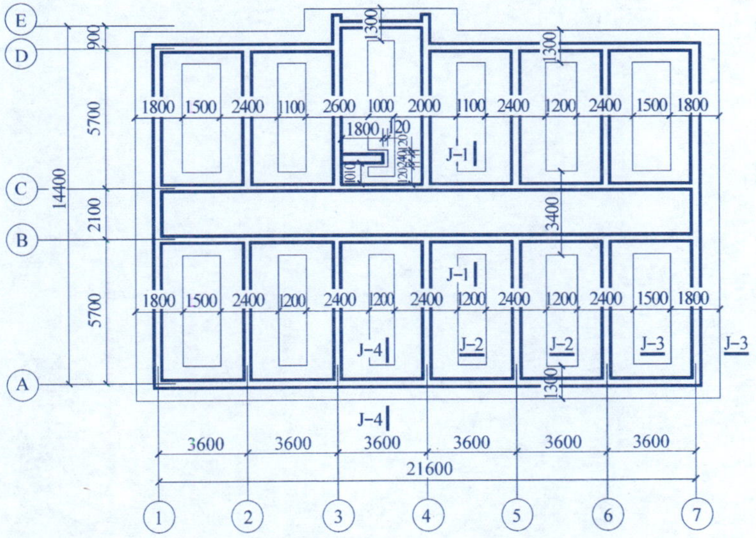


基础平面图 1:100

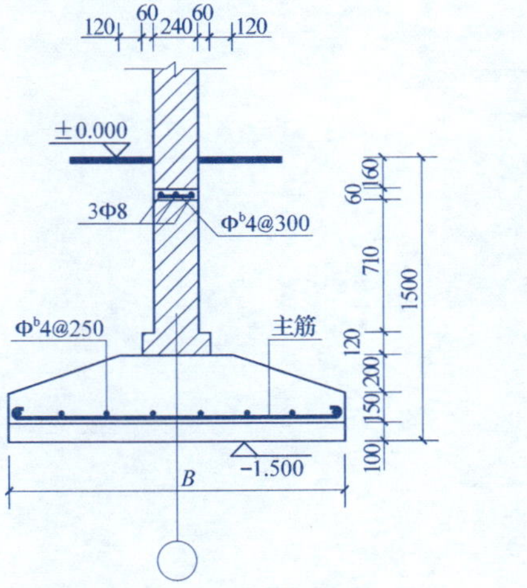


J 1:30

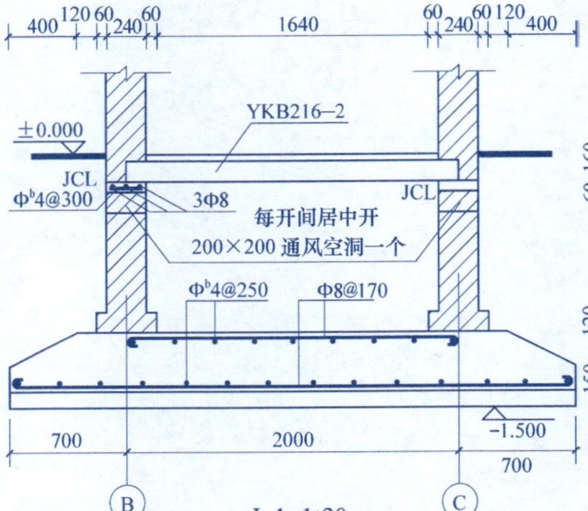


J-1 1:30

## 说 明

1．钢筋混凝土基础的混凝土强度等级用 C15；垫层为素混凝土 C10；JCL 用 C20；楼梯基础为素混凝土 C10，250 厚，底面标高为−1.500 m。

2．基础纵横交接处，双向配主筋，取消分布筋。

3．砖基础用强度为 10 MPa 的标准砖和强度等级为 M10 的砂浆砌筑；JCL 以上的墙身都用强度等级为 M5 的砂浆砌筑。

4．架空板用 120 厚的预应力钢筋混凝土多孔板，架空板下填土至室外地面，架空板的面层用 40 厚 C20 细石混凝土，随捣随抹光。

| 基础宽度 $B$ | 主筋 |
|---|---|
| 1300 | Φ8@200 |
| 1800 | Φ10@150 |
| 2400 | Φ12@160 |
| 2600 | Φ14@180 |

| 10-3 楼层结构平面布置图 | 班级 | | 姓名 | | 学号 | | 页次 52 |
|---|---|---|---|---|---|---|---|

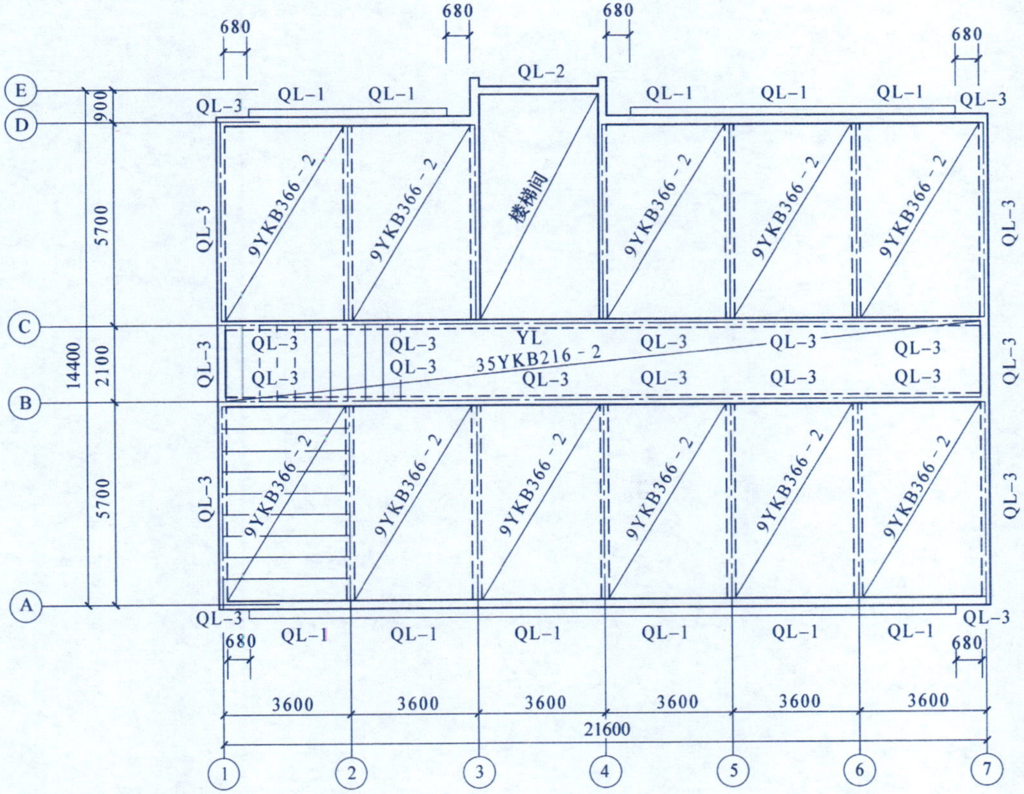


二层结构平面图 1:100

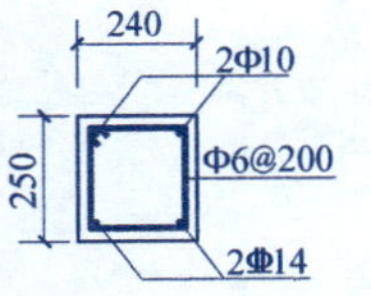


YL1:10 ($l$=3840)

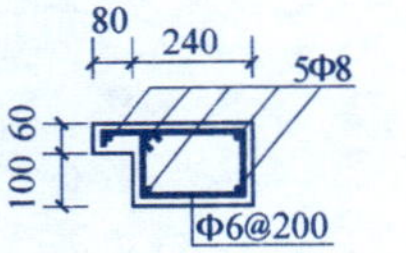


QL-2 1:10

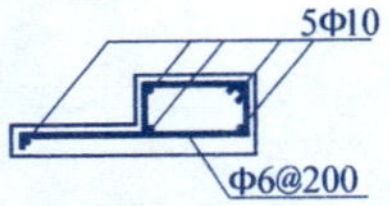


QL-1 1:10

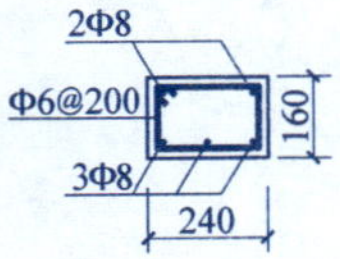


QL-3 1:10

说 明

1. 梁底标高：QL-1 2.700 m
QL-2 2.700 m
QL-3 2.700 m
YL 2.790 m
2. 混凝土用C20。

| 11-1　给水排水施工图的绘制与识读 | 班级 | | 姓名 | | 学号 | | 页次 | 53 |
|---|---|---|---|---|---|---|---|---|

作业一：参照附图一，绘制给水排水施工图

一、作业要求：

1．抄绘给水排水平面图(包括图例说明表格)，补绘给水排水系统轴测图(屋顶不设水箱)。

2．采用 A3 幅面图纸，绘图比例采用 1：100。

3．在绘图前，应合理布置图幅，安排均匀、美观。

4．绘图时要严格遵守《房屋建筑制图统一标准》和《建筑给水排水制图标准》的各项规定，如有不熟悉之处，必须查阅标准或教材。

二、说明：

1．为了绘图方便，规定一部分尺寸如下：盥洗室排水支管与立管的接口，在楼地面以上 0.400 m 处；地漏的排水或污水支管与立管的接口，在楼地面之下 0.400 m 处；大便槽、小便槽的污水支管与立管的接口，在楼地面之下 0.250 m 处；大便槽冲洗水箱给水水平支管在楼地面之下 0.480 m 处；小便槽多孔管、盥洗池水平支管在楼地面之上 1.000 m 处。

2．管径：给水立管 DN50，给水支管 DN25；排水立管 DN75，排水支管 DN50；污水立管 DN100，大便槽污水支管 DN100，小便槽污水支管 DN75，地漏支管 DN50。

3．底层大便槽、小便槽污水不经立管直接排到室外。

4．图中不详尺寸，可参考本习题集中的建筑施工图。

| 图例 | 名称 | 图例 | 名称 |
|---|---|---|---|
| ———— | 给水管 | | 自动冲洗水箱 |
| -------- | 排水管 | | 多孔管 |
| ——·—— | 污水管 | | 圆形地漏 |
| | 放水龙头 | | 存水弯 |
| | 检查口 | | 通气帽 |

作业二：给水排水施工图的识读

附图二、附图三是一幢宿舍楼的给水排水平面图和系统图，屋顶不设水箱，在读懂图的基础上完成下列问题：

1．对照所给给水排水平面图和管道系统图，在给水排水平面图中，将给水系统、排水系统编号，将立管也进行编号；在系统图中填写系统编号。

2．在底层管道平面图中各种管道都要按系统编号，系统的划分一般给水管道以________为一个系统，排水管道以________为一个系统。

3．在给水排水平面图和管道系统图中，一般情况下，给水管道以______线来表示，排水管道以______线来表示。

4．识读给水排水系统图的一般顺序是______________________________。

5．在附图中，我们可以看出给水系统有____个，分别为________；排水系统有____个，分别为______。

| 图例 | 名称 | 图例 | 名称 |
|---|---|---|---|
| ———— | 给水管 | | 淋浴头 |
| -------- | 排水管 | | 洗涤池 |
| | 平蹲式大便器 | | 圆形地漏 |
| | 放水龙头 | | 存水弯 |
| | 检查口 | | 通气帽 |

| 附图一 绘制给水排水施工图 | 班级 | | 姓名 | | 学号 | | 页次 | 54 |
| --- | --- | --- | --- | --- | --- | --- | --- | --- |

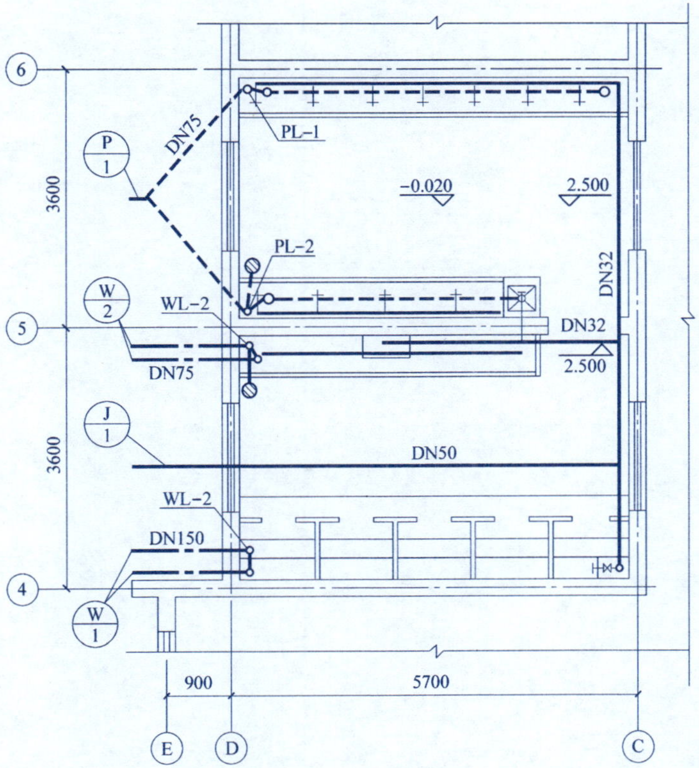


底层给水排水平面图 1：100

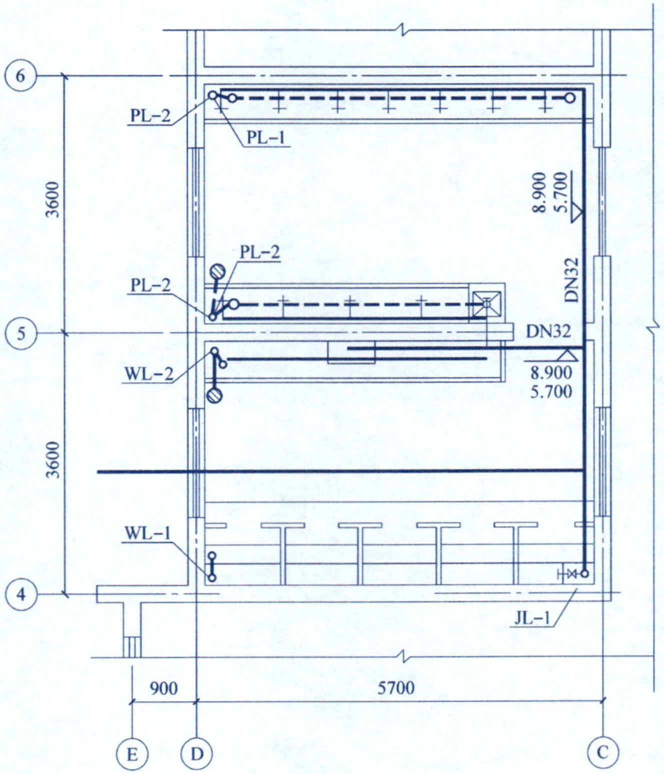


二、三层给水排水平面图 1：100

| 附图二　给水排水施工图的识读 | 班级 | | 姓名 | | 学号 | | 页次 | 55 |
|---|---|---|---|---|---|---|---|---|

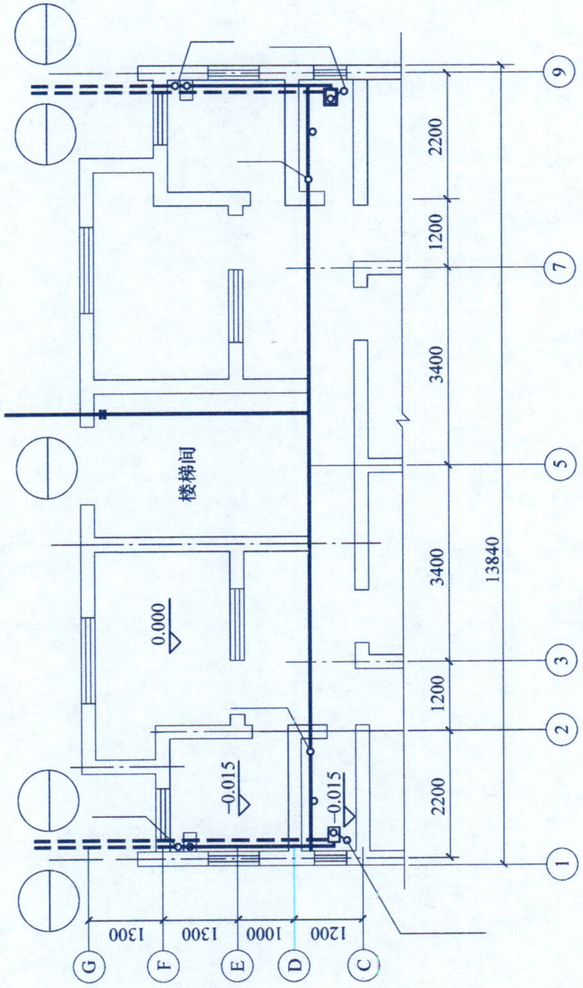


底层给水排水平面图 1：100

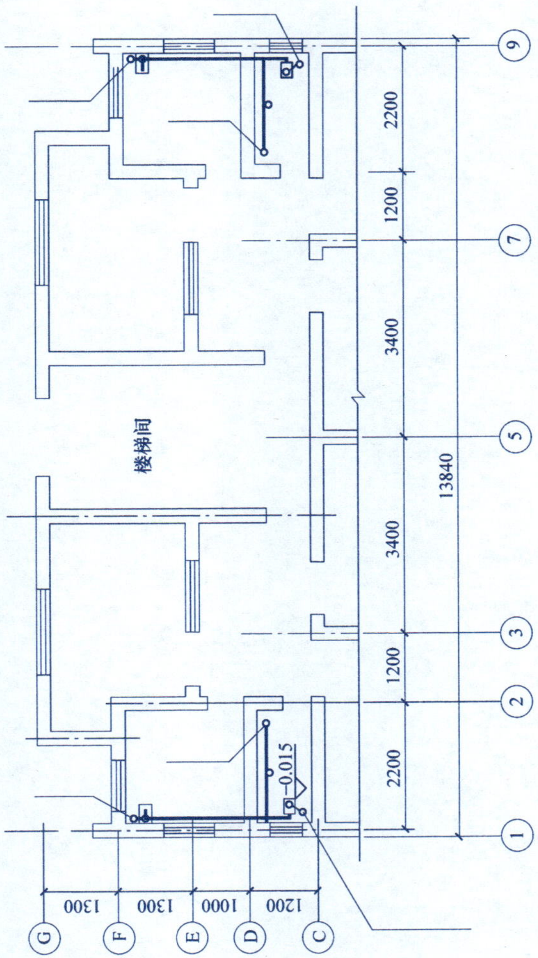


二、三层给水排水平面图 1：100

| 附图三　给水排水施工图的识读 | 班级 | | 姓名 | | 学号 | | 页次 | 56 |
|---|---|---|---|---|---|---|---|---|

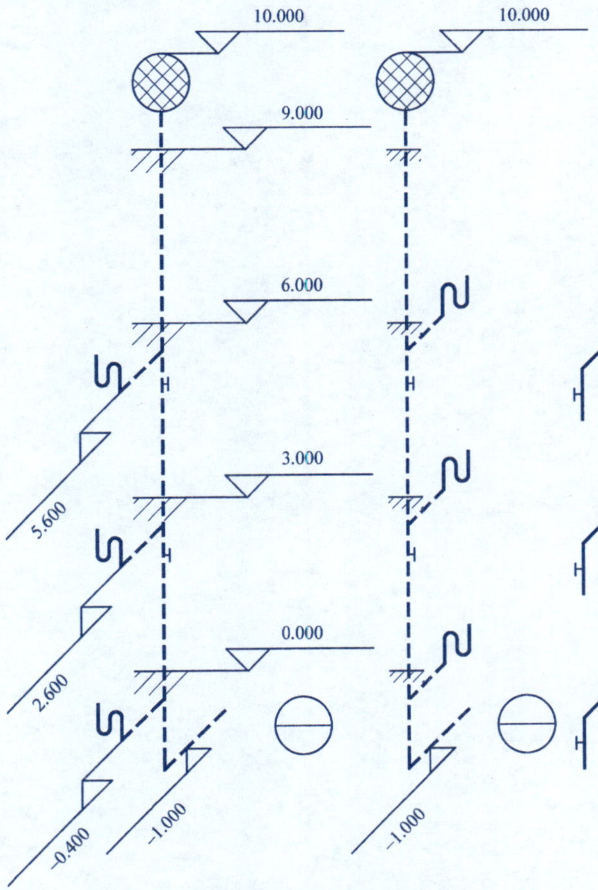


排水系统图 1：100

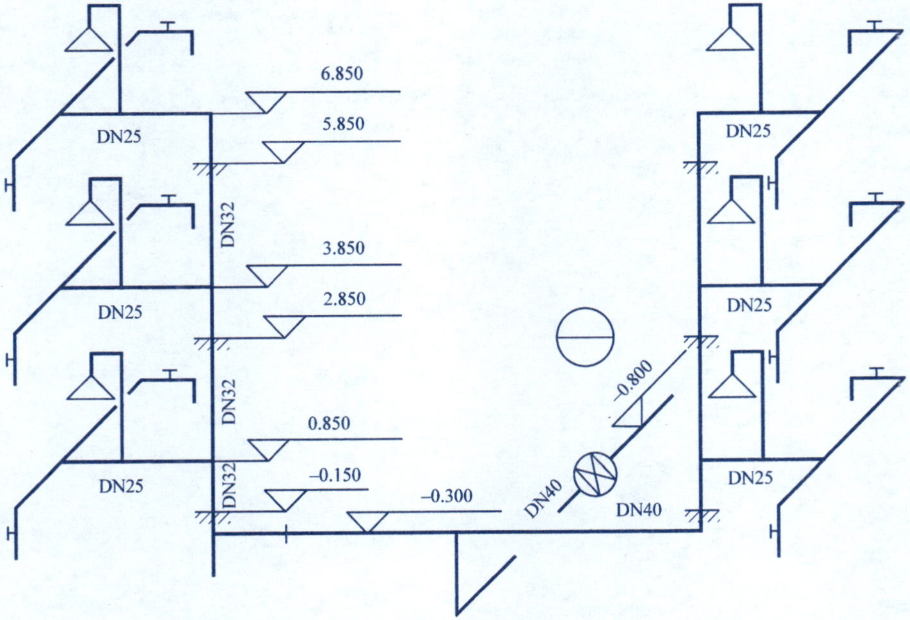


给水系统图 1：100

| 12-1 标高投影 | 班级 | | 姓名 | | 学号 | | 页次 | 57 |
|---|---|---|---|---|---|---|---|---|

1．求作直线的坡度和整数高程点。

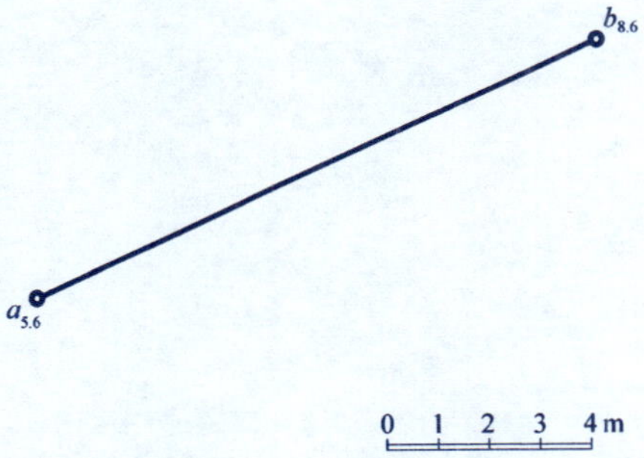


2．求图示两平面的交线。

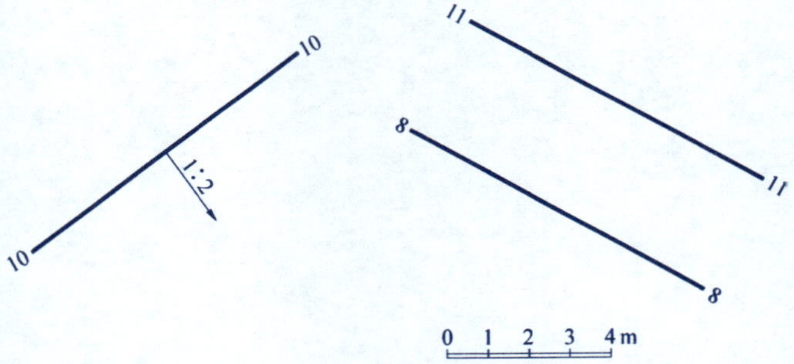


3．在高程为 0 m 的地面上筑一高程为 4 m 的正六边形平台，填方边坡 1∶1，求坡脚线和坡面交线。(比例 1∶200)

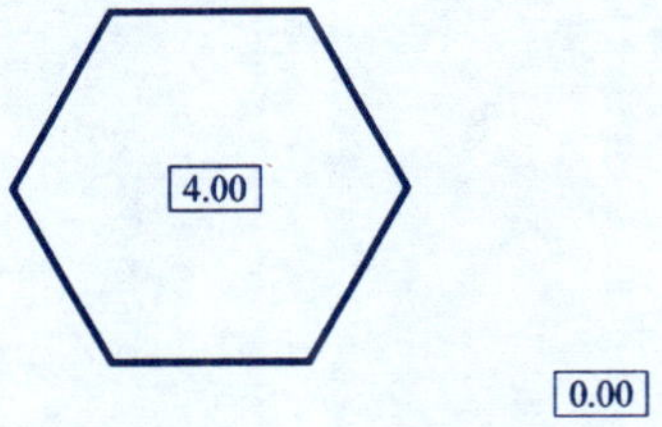


4．在 0 m 高程的地面上作一斜坡道上堤，堤顶高程为 4 m，斜道坡度、斜道两侧及堤面坡度如图所示。求坡脚线及坡面交线。

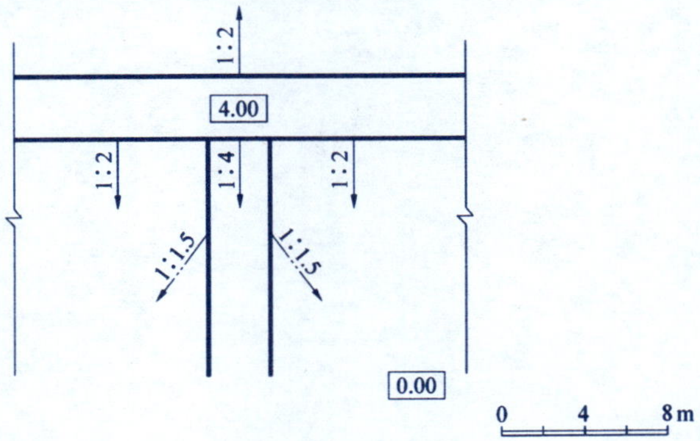

| 12-2 标高投影 | 班级 | | 姓名 | | 学号 | | 页次 | 58 |
|---|---|---|---|---|---|---|---|---|

1．在高程为 3 m 的地面上开挖一高程为 0 m 的基坑，开挖边坡 1∶1，求开挖线及坡面交线。(比例 1∶200)

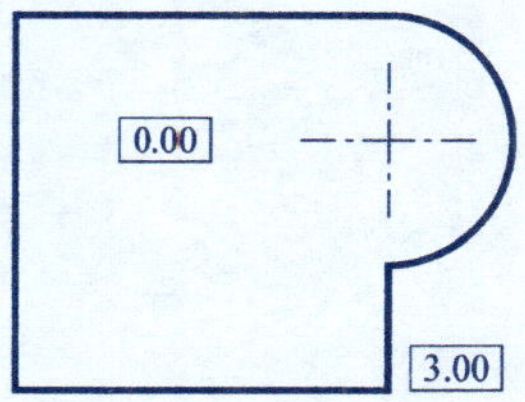


2．在高程为 2 m 的地面上筑一高程为 4 m 的平台，图示各图均为平台一角，求坡脚线及坡面交线。(比例 1∶200)

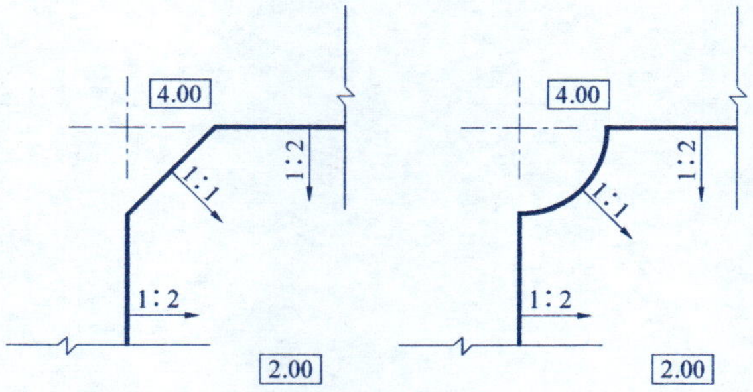


3．各平台高程、边坡坡度如图所示，完成其标高投影图。(比例 1∶200)

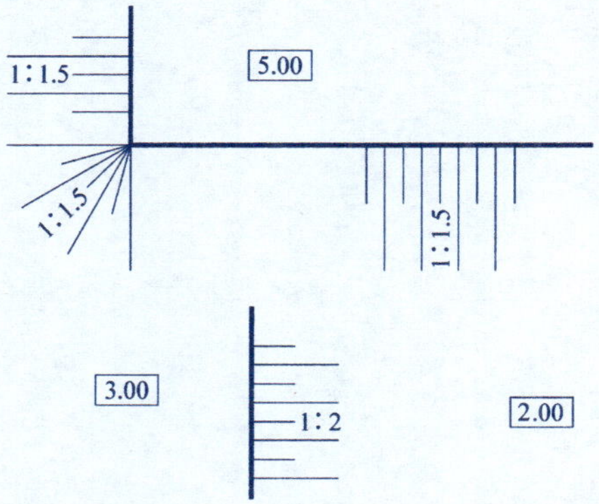


4．在高程为 0 m 的地面上筑大小两堤，各堤顶高程及两侧边坡如图所示，求其标高投影图。(比例 1∶500)

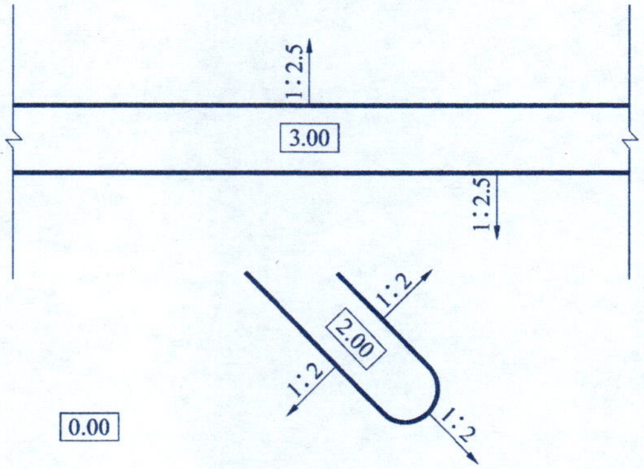

| 12-3 标高投影 | 班级 | | 姓名 | | 学号 | | 页次 | 59 |
|---|---|---|---|---|---|---|---|---|

1．$A$至$B$为一直管道，已知$A$、$B$两端的标高投影，试用实线和虚线在地形图上标明埋入地面下和露出地面上的各段。

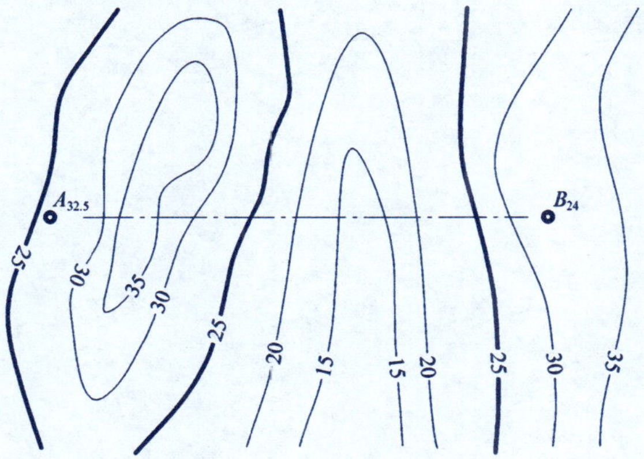


1∶1000

2．求平面与地形面的交线。(比例 1∶250)

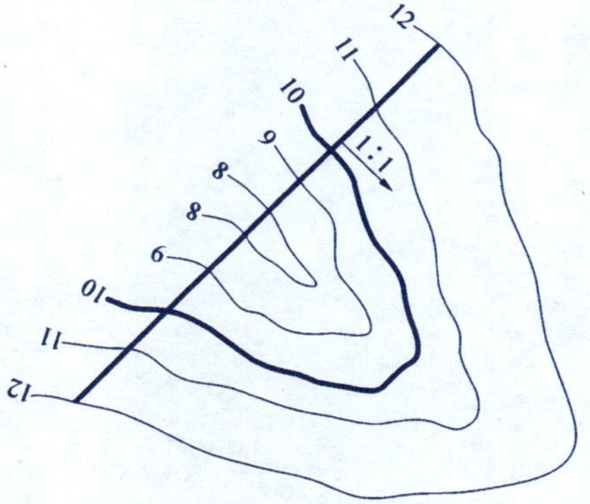


3．如图所示，平台高程为 30 m，挖方边坡 1∶1，完成其标高投影图。(比例 1∶250)

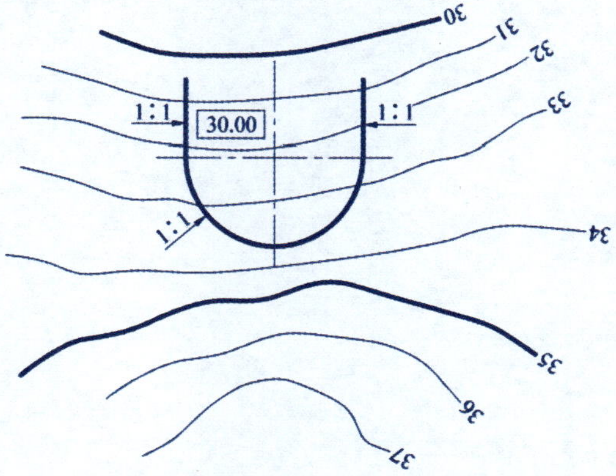

| 12-4 标高投影 | 班级 | | 姓名 | | 学号 | | 页次 | 60 |
|---|---|---|---|---|---|---|---|---|

1．已知地形图、坝顶位置和高程，求作：①土坝平面图；②坝轴线 A—A 剖面图和下游立面图。(比例 1：2000)

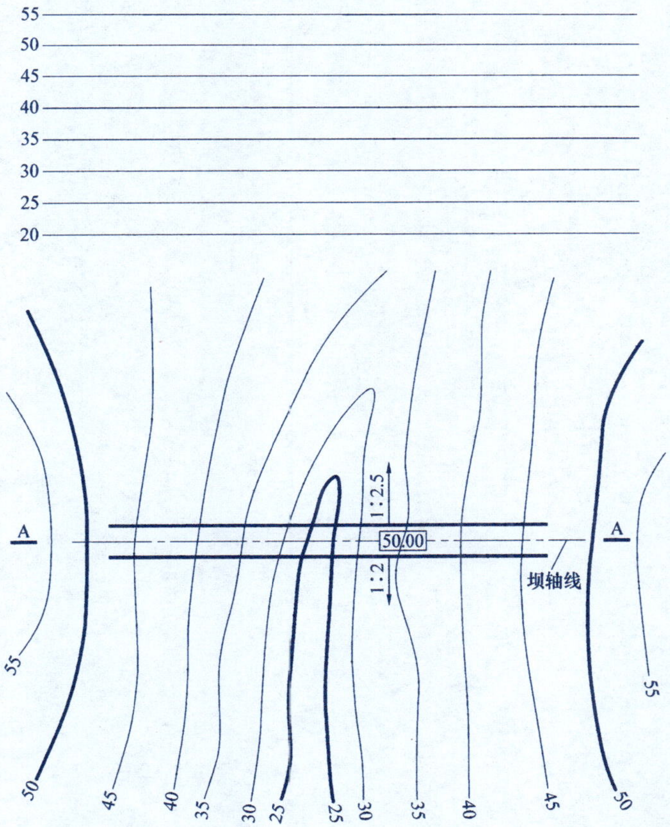


2．如图修一条道路，路面高程 20 m，挖方边坡 1：1，填方边坡 1：1.5，求路边坡与地面的交线。(比例 1：200)

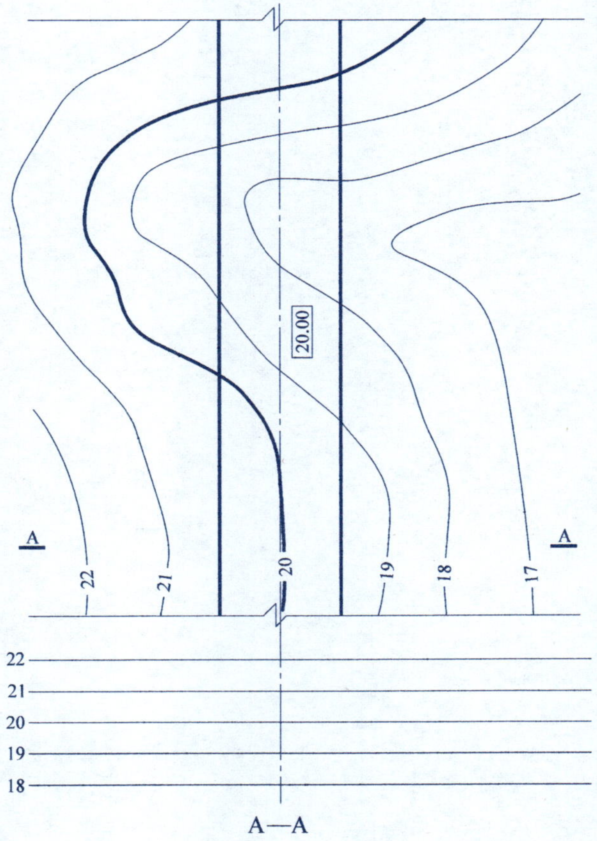

| 13-1 用计算机绘制平面图形 | 班级 | | 姓名 | | 学号 | | 页次 | 61 |
|---|---|---|---|---|---|---|---|---|

1.

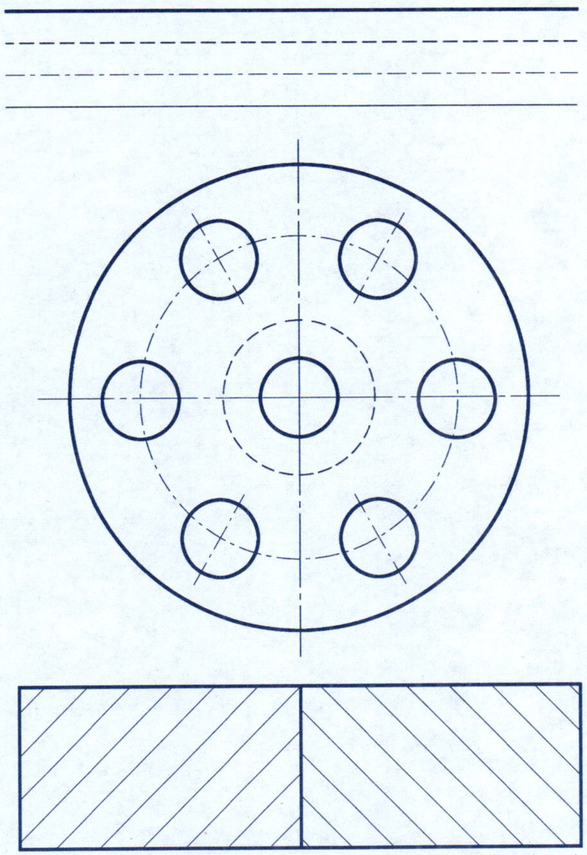

2.

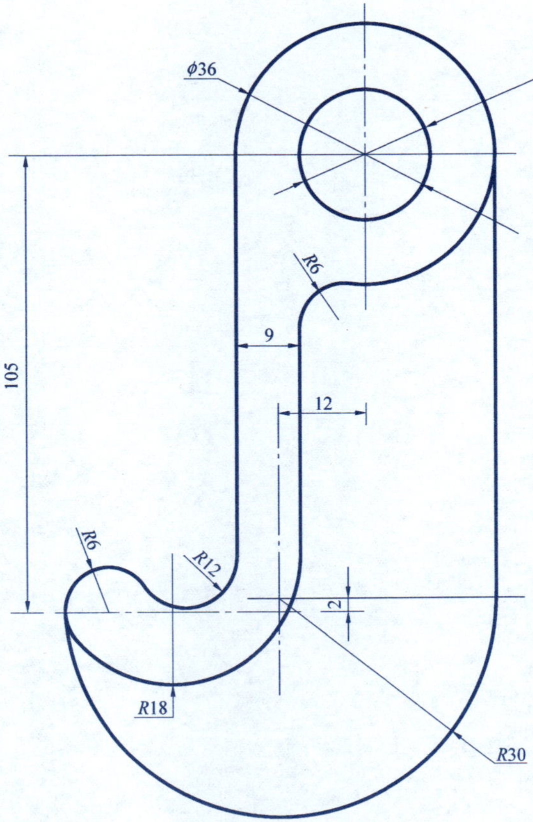

| 13-2　用计算机绘制三视图 | 班级 | | 姓名 | | 学号 | | 页次 | 62 |
|---|---|---|---|---|---|---|---|---|

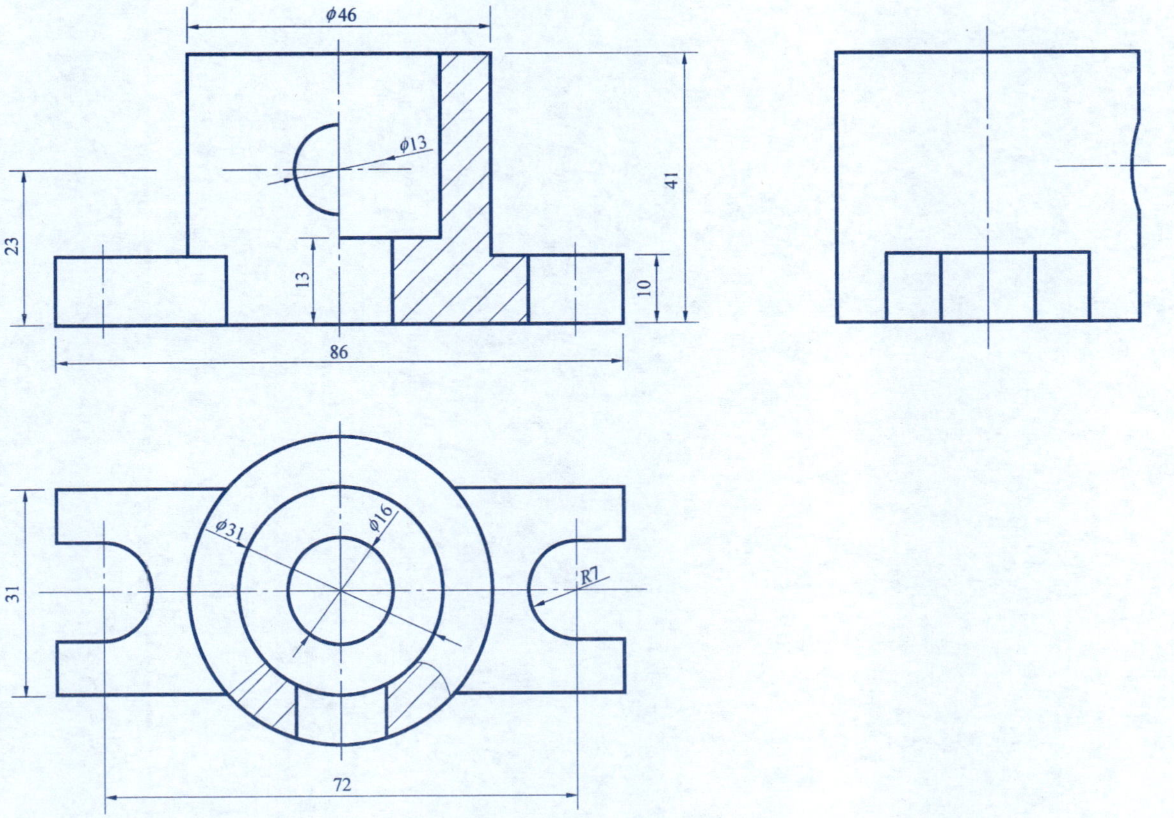

| 13-3　用计算机绘制建筑平面图 | 班级 | | 姓名 | | 学号 | | 页次 63 |
|---|---|---|---|---|---|---|---|

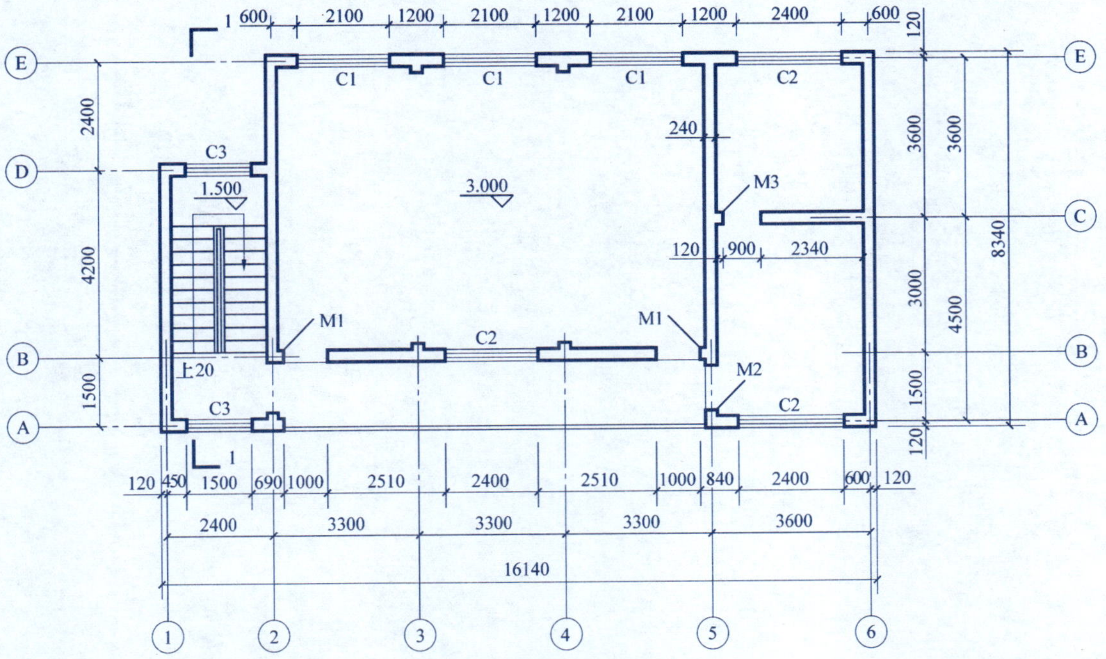


二层平面图 1：100